JN098340

基礎からわかる

乳牛の健康と乳生産

ルーメンからの探究

小原嘉昭 著

農文協

はじめに

　人類が利用できない草などの植物繊維を乳（ミルク）にかえるというすばらしい能力をもつ乳牛は、食料生産を司る生物産業において、今後いっそう重要な存在になると思われます。しかし、わが国の酪農においては、乳牛の飼養規模の拡大、高泌乳化、酪農作業の機械化が進行する一方で、乳牛の宿命ともいえる「生産病」の発生にともなう経営の圧迫化などの課題は増えてきています。また、牛乳・乳製品の国内生産が減少傾向に転じる中、乳製品の輸入が増加しており、牛乳・乳製品の需要構造にも変化が見られます。

　こうした中で、乳牛の健康を維持して良質な牛乳の生産性を高め、健全な酪農経営を行っていくためには、今一度、ルーメン（反芻胃）をもつ反芻動物である乳牛の基礎となる生理や特性を見直し、乳牛がもつすぐれた機能を十分に発揮させるような飼養管理や生産体系を工夫していくことが、これまでにも増して重要になってくるように思われます。

　著者は、これまで農林水産省の家畜衛生試験場・畜産試験場、大学の動物生理科学分野、民間の飼料会社のいわゆる産官学において、「乳牛の栄養生理や泌乳生理の特性を解明し、安全で安定した酪農の生産体系を創り出す」ことを目的として 60 年近くにわたって研究を行ってきました。そして、研究論文、専門書などに研究成果を発表してきました。

　しかし、その内容は学術的で専門的であることから、獣医・畜産分野の限られた人たちにしか読まれておらず、乳牛の生理のおもしろさやその意義が多くの方々の目には届いていませんでした。そうした中で著者は、何とか乳牛がもつ興味深い生理現象と生産される牛乳について、広く多くの方々に知っていただきたいという強い思いをもっていました。「美味しい牛乳はいかにしてつく

られるのか？」「乳牛はどうして多量のミルクをつくることができるのか」といったテーマで講演も行ってきました。

　こうした思いや取り組みをベースに、『乳牛の健康と乳生産』について、栄養生理と泌乳生理の面からできるだけ多くの方々が理解しやすいようにまとめてみたのが本書です。その試みは、著者にとって仕事の集大成ともいえるものです。

　本書では、まず最初に、人類がどのようにして牛乳生産を行うようになり、現在の酪農がいかにして発展してきたのか、また、牛乳が人間の健康を維持する上でいかに重要かについて述べます。

　本論では、「乳牛はどのようにして多量の牛乳を生産するのか？」に焦点をあて、乳牛はルーメンという「発酵タンク」と成長ホルモンに調節されている「ミルクタンク」をじつに巧妙に使って多量の牛乳を生産していることを説明します。そして、その「発酵タンク」や「ミルクタンク」の環境を整え、恒常性を維持していくことが、乳牛の健康と乳生産（高泌乳）の両立につながっていくことを述べます。その上で、現代の酪農の特徴や課題をふまえて、これからの飼養管理の視点や方向性などを提案します。また本書では、これまでの研究成果の中で、注目すべき研究や実験について、今後の研究や飼養管理の改善などに寄与することを期待してできるだけ紙面をさきました。

　本書が、酪農家の方々をはじめとして、酪農・畜産の現場を支える獣医師や技術者、研究者の方々、酪農乳業界で活躍している方々、農業・農学系の学生の方々などにとって少しでもお役に立てれば幸いです。さらに、これからの食料生産や持続可能な社会、牛乳・乳製品の在り方などに関心を寄せる多くの方々にも読んでいただければと願っています。食文化の一端を支える乳牛、牛乳・乳製品の重要性を再認識する上でも本書が一助となれば幸いです。

目　次

1　牛乳生産のあゆみ、そして現在

2　乳の成分と子の成長、ヒトの健康

コラム

乳牛はどのようにして多量の牛乳を生産するのか？
――「発酵タンク」と「ミルクタンク」からの探究

　ウシが分泌する牛乳は、はるか昔から人類に大きく貢献してきました。栄養豊富な牛乳は、生乳としても、またチーズやバター、ヨーグルトといった乳製品にしても人類にとって非常に重要な食料です。さらにウシは、主に人が利用できない草を食べて、人の食べ物に変えてくれます。これほど人のために役に立つ家畜は他にいません。私たちはいつしかこの偉大な乳牛を「人類の乳母」と呼ぶようになったのです。「人類の乳母である」といわれる乳牛は、どのようにして多量の乳を生産するのでしょうか？　本書では、このことについて、乳牛のルーメンを中心とした栄養生理と泌乳生理の特性から探究していきたいと思います。

　最初に、本書の全体像の案内をかねて、その答えのあらましを端的に記しておくと、「乳牛はルーメン■という発酵タンクと成長ホルモンに調節された高性能なミルクタンクをもっているから」ということができると思います（図1、2）。「発酵タンク」については、乳牛がもつルーメン発酵の栄養生理学的な特性から探究します。体重700kgの乳牛は、200Lにも及ぶ膨大なルーメンという発酵タンクをもっており、その中には多くの細菌（バクテリア）や原生動物（プロトゾア、原虫）などの微生物が生息しています。それらの微生物は単独にではなく、お互いに競い合ったり巧みに共生したりしながら活動しています。

　ウシは反芻動物であり、ヒトが食物として利用できないような低栄養で繊維含量の高い草類を餌としています。摂取した飼料は、ルーメン内に生息する微生物によって発酵が行われ、酢酸、プロピオン酸、酪酸などの短鎖脂肪酸を産生して、エネルギー源や乳の合成などに利用しています■。

■ ルーメン（rumen）は、英語で第一胃を意味しますが、本書では、主に反芻胃（第一胃と第二胃）を意味するレティキュロ・ルーメン（reticulo rumen）という意味で使わせていただきます。

■ 酢酸はウシの体を維持するエネルギーや乳脂肪の合成に、プロピオン酸はエネルギー源や乳汁中の乳糖の合成に、酪酸は乳汁中の脂肪酸の合成などに利用されます（図2）。

さらにルーメン内の微生物は、短鎖脂肪酸のような発酵産物を産生しながら、栄養価の低い窒素化合物を利用して微生物タンパク質を多量に産生しています。このタンパク質は、小腸などの下部消化管でアミノ酸として吸収され、体内のタンパク質の合成と乳タンパク質の合成に使われます。ウシはルーメン内に微生物を生息させながらその恩恵を受けており、まさにウィンウィンの関係を保っているのです。

　乳牛の小腸や大腸などの下部消化管は、哺乳類の中で最も長く、この形態学的な利点を生かして消化管内容物の栄養素を長時間かけて消化管粘膜から吸収しています。さらに、消化しきれていない飼料中の繊維を、盲腸で微生物により再発酵させて、産生された短鎖脂肪酸を利用しています。

　さらに乳牛は、反芻動物に特異的な生理機能であるナトリウムや尿素の再循環機能を有効に使って、生命を維持すると同時に乳生産などの生産性を高めているのです（➡ p.89）。

　乳牛がもつ「ミルクタンク」は、ウシ独特の機能をもっています。ウシは子ウシを1頭まれに2頭しか生まないのに、なぜか乳房を4つもっています（➡ p.99）。また、ウシの乳

図1　発酵タンク（ルーメン）とミルクタンクの発達した乳牛

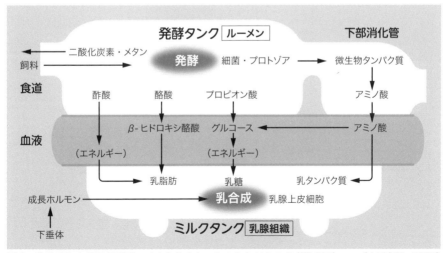

図2　乳生産における発酵タンクとミルクタンクの主なはたらき（模式図）　　（小原嘉昭、2021）

房は、乳腺でつくられた乳をためておく乳腺槽という部位が
よく発達しています。このようにウシの乳房は、形態学的に
も多量の乳を合成し、ためておくようにできているのです。
また、乳をつくる細胞（乳腺上皮細胞）の機能もすぐれてお
り、その活性が高く細胞の代謝回転速度が速いのです。この
ように、ウシはまるで人間に乳を提供するために神が授けた
動物といえるようにできているのです。まさにウシは「人類
の乳母」といわれる所以だと思います。

　泌乳において最も重要なことは、成長ホルモンが多量の乳
を生産するのに重要なはたらきをしていることです。これは
他の哺乳類と大きく異なります。たとえば、乳牛においては、
成長ホルモンにより肝臓から分泌された物質（インスリン様
成長因子-Ⅰ、IGF-Ⅰ）が乳腺への血流量を増加させます。
このことにより、乳成分の材料となる栄養素を乳腺に多量に
送り込んで乳量を増加させているのです。

　成長ホルモンは、体内でのブドウ糖（グルコース）の代謝に
大きく関わり、筋肉や脂肪組織、腸管や脳神経系でのグルコー
スの取り込みを抑制します。そして、体内のグルコースをで
きるだけ乳腺に送り込んで乳糖をつくり、乳生産を高めてい
るのです。また、成長ホルモンは肝臓での糖新生（➡ p.75）
を活性化して、グルコースをつくり出します。さらに、成長
ホルモンは脂肪組織を分解して、遊離脂肪酸を乳腺に送り込
んで乳脂肪を合成するはたらきがあります。このように成長
ホルモンは、血液量を増加させて乳合成に必要な栄養素を乳
腺に送り込んで乳量を増加させているのです。

　乳牛は、このようにしてルーメンという「発酵タンク」と
成長ホルモンに調節されている「ミルクタンク」をじつに巧
妙に使って多量の牛乳を生産しているのです。そして、その
発酵タンクやミルクタンクの環境を整え維持していくことが、
乳牛の健全性と生産性の両立にもつながっていくのです。

1 牛乳生産のあゆみ、そして現在

1 ウシの誕生と家畜化

　世界各地で広く飼養されるウシは草食性（植食性）の反芻動物であり、一旦食べたものを再び口に戻して再咀嚼（反芻）します。しかし、なぜ反芻という奇妙な消化のしくみをもつようになったのでしょうか。反芻動物は、草食動物（植食動物）としての進化の集大成といえるのです。

◉草原に適応、草を最大限利用できるようになったウシ

　ウシの祖先が現れたおよそ 2,000 万年前頃、地球は徐々に寒冷化が始まり、陸では森林に代わり草原が広がり始めていました。その草原に進出して適応していったのがウシの仲間である反芻動物だったのです。草原という地の利を生かして、摂取した草の栄養分を最大限利用できるような消化吸収

図1-1　草を利用して世界各地で広く飼養されるウシ（写真はユーラシア大陸・天山山脈に位置し標高2,000mを超える草原で放牧されているウシ）

システムを確立していったのです。草食動物として進化した反芻動物の多くは、大型化しました。体が大きいほうが体温を維持しやすく、餌である草の繊維成分を分解するルーメンの機能を格段に向上させることができたのです。そして、無尽蔵ともいえる草(植物資源)を最大限利用できるようになったのです（図1-1）。

●野生のウシ（原牛）から現在のウシ（家畜牛）に

現在のウシ(家畜牛、イエウシ)の直系の祖先は、野生のウシ(原牛)の「オーロックス」といわれています。オーロックスは、およそ200万年前にインド付近で進化したと考えられています。そして、徐々にユーラシア大陸全域に分布を広げていったようです。ウシが家畜化されたのは、およそ1万年前で中東付近であったと考えられています[1]。人間は動物を狩猟している過程で、たまたま捕獲したウシを飼育、管理し繁殖させる方法を会得して家畜化していったのでしょう。

人間は野生のウシを塩（→ p.94）と水で誘い出して、柵内に入れて村落近くに引き留めておくようにしたと思われます。さらに人間は農耕を行うようになると、家畜の飼育に必要な飼料である麦藁のような副産物が手に入りウシの飼育を

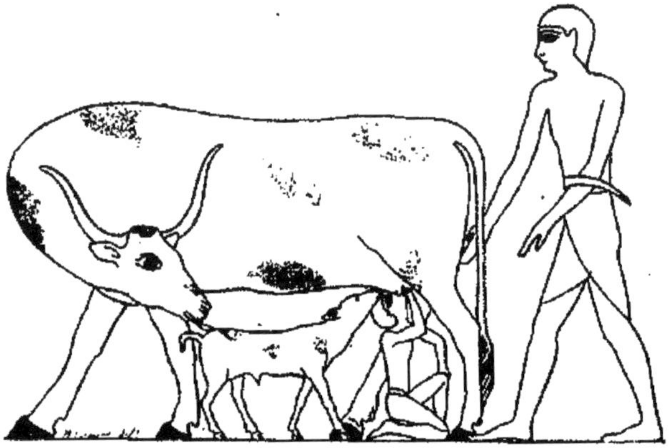

[1] ウシの家畜化を示す最古の遺跡は、トルコのチャタル・ヒックで紀元前6400年頃と思われます。ウシの角が宗教の儀礼に用いられていたことを、この遺跡から知ることができます。

図1-2 エジプトの岩に刻まれた浮き彫り(紀元前2,300年頃)
(津田恒之、2001、『牛と日本人』より)

容易に行うことができるようになりました。当初は使役に使い、食肉として利用していたと思われます。さらに、人類がウシをうまく飼育すれば恒常的に乳を得ることができることに気づいたことから、ウシは人類にとってより重要な家畜となっていったのです。

●古代エジプトのレリーフが教えるウシの生理

　人間が牛乳を飲用し始めたのは今から 4,000 〜 5,000 年ほど前、メソポタミアやエジプトにおいてだといわれています。 紀元前 2300 年頃のエジプトの岩に刻まれた浮き彫り（レリーフ）からは、当時のウシの状態や搾乳のようす、ウシの見方などを感じ取ることができます（図 1-2）。

　たとえば、このレリーフでは、ウシの乳房は、大きく描かれておらず、当時のウシの乳房は今の乳牛と比べてかなり小さかったと思われます。また、子供が直接乳頭に口を付けて乳を飲んでいる描写から、人間が牛乳を飲んでいたことを示す証しとなります。

　さらにウシの生理学者から見て、このレリーフは興味深い事実を提供してくれています。哺乳子ウシが人間の子供と一緒に乳を飲んでいますが、しっぽを振っているように見えます。このことは、哺乳子ウシの第二胃溝反射（➡ p.43）が正常に行われていることを示しています。子ウシは、乳が確実に第四胃（ヒトなど単胃動物の胃に相当）に到達しているとしっぽを振るのですが、このことがしっかりと描かれているのです。

　また、親ウシが子ウシを舐めています。これは、ウシが自分のルーメンの中にいる飼料の消化に必要なプロトゾア（➡ p.52）を、子ウシのルーメン内に移し生息させるために行っている行為です。新しく生まれた子ウシのルーメンにプロトゾアを生息させる方法は、これしかないのです。この頃から、人間はその事実を知っていたのでしょうか？

2 牛乳の生産・利用の進展

　ヨーロッパでは、青銅器時代（紀元前2000年代）になり、牛乳の利用法が伝来してきて、人間にとって牛乳は食品として重要な地位を占めるようになりました。そのことは、宗教関係の資料からも知ることができます。

　たとえば、旧約聖書の中にある「乳と蜜の流れる土地」という記述は、当時、牛乳と蜂蜜が理想郷をつくるのに貴重な食物であったことを物語っています。イエス・キリストは「乳は滋養に富んだ大事な飲み物である」と説いて回ったと新約聖書に書かれています。イスラム教の教祖であるムハンマドは、布教に発酵乳を取り入れて利用したといわれています。

酪農の発展を可能にした農法—輪栽式農法

　中世ヨーロッパでは、耕地を三分割して農作物を替えることによって地力の低下を避ける農法である「三圃式農法」が行われていました。しかし、18世紀になり輪栽式農法（ノーフォーク農法）が普及してきて農業方式が大きく変化しました。ノーフォーク農法は、イングランド東部のノーフォーク州で普及した農法で、同じ耕地で小麦、カブ（飼料用）、大麦、クローバーを1年ごとに植えて4年周期で輪作するというものです（図1-3）。それまでの三圃式農法（耕地を冬穀物〈秋まきの小麦、ライ麦〉、夏穀物〈春まきの大麦、エン麦など〉、休閑（休耕地）の作付け順序で利用する農法）に比べて、休耕地をおかないという意味で画期的な農法で、これにより農作物の生産量が大幅に増えました。この農法は、カブとクローバーをウシの飼料にできることから、穀物の生産と家畜の飼育を組み合わせた混合農業を可能にしたのです。このように酪農は、土地利用や作物生産と深く結びついて発展してきたのです。

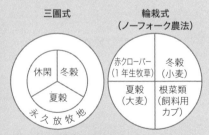

図1-3　三圃式と輪栽式の基本的なしくみ
（加用信文、1975、『日本農法論』より）

また、仏教の開祖者である釈迦は厳しい修行で衰弱した時、村の少女が差し出した乳粥のおいしさに驚き元気を取り戻したことが語られています。その後、釈迦は食べ物としての牛乳の存在を重要視していました。

　このように牛乳の食物としてのすばらしさは、宗教によっても世界各地に広がり、今日まで伝わってきているのです。

●酪農を発展させた農法と乳用牛の改良

　ヨーロッパでは18世紀になると輪栽式農法（ノーフォーク農法）が普及し、乳牛の飼料の生産が効率的に行われるようになりました。そして、このことが乳用牛の改良や乳生産を向上させ酪農を発展させるきっかけになったのです。

　乳牛の品種改良は、飼料用のカブを基本作物の一つに組み入れた輪栽式農法が確立されてから本格化し、この時から、ようやく農業としての酪農が確立されたのです。

　家畜の品種改良が進んでいたイギリスで、18世紀になって乳用牛の品種が確立されました。それまでは、ロングホーン種のような肉用種の中で乳量の多い個体から牛乳を搾って利用していました。

　「家畜育種の父」と呼ばれたイギリスのベイクウェルとその弟子たちは、乳用牛の組織的な品種改良に取り組み、ショートホーン種という乳用牛の品種も作出しました[1]。イギリスではショートホーン種の産乳能力をより高め、デイリー・ショートホーン種も作出されました。さらに、ヨーロッパをはじめとして世界各地で乳用牛の改良が進められ、ホルスタイン種[2]などのすぐれた品種が生まれました（図1-4）。そして、19世紀末には年間の乳量が4,500kgに達するようになったのです。

　19世紀末からは、登録事業や能力検定が組織的に行われるようになったことから乳用牛の能力がさらに高まりました。そして、酪農家で飼育されている乳牛から、乳量、乳成分、

[1] ベイクウェル は、すぐれた鑑定眼により、繁殖用の個体を選抜して交配を行い乳用牛の改良を進めました。彼の弟子のコリング兄弟は、当時は避けるべきであるとされていた近親交配を積極的に取り入れて、ショートホーン種の作出に成功しました。

[2] オランダのフリースラント地方およびドイツのホルシュタイン地方の原産で、ホルスタイン・フリージアン種とも呼ばれます。ヨーロッパ各地やアメリカなどで改良され、体形が大型で乳房もよく発達して乳量が多く、性格も穏やかで飼育しやすい品種です。

繁殖状況、給与飼料などの詳細なデータが集められ牛群検定が行われるようになりました。牛群検定から乳牛の遺伝的能力を知ることができるようになったのです。また、優秀な種雄牛を作出する事業である後代検定が牛群検定のデータから確立されました。雄の改良が進んだことが乳用牛の泌乳能力を高める大きな要因となったのです。

　その後、酪農という産業は新大陸の国々にも広がり、世界各国で酪農の産業基盤が築かれました。1958年から1980年にかけて、アメリカにおいて1泌乳期当たりの平均乳量が5,600 kgから7,800 kgに増加しています。乳量増加の要因は約40%が遺伝的改良によるものでした（図1-5）。ここに、地球上に近代酪農が確立されたのです。

◉飛鳥時代に始まった日本の乳の利用と生産

　日本で飼われていたウシは、主に中国などアジア大陸で家畜化されたものが、渡来人により持ち込まれたものと考えられています。乳の文化は、日本へは6世紀頃になって持ち込まれました。古の乳製品である酪・蘇・醍醐（現在のヨーグルト・バター・チーズに相当すると思われます）などの利用が始まりましたが、当初は食品としてではなく薬として利用されていました。

図1-5　改良が進んだ現在のホルスタイン種

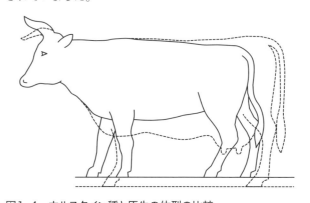

図1-4　ホルスタイン種と原牛の体型の比較
実線：原牛雌　点線：ホルスタイン種雌、頭部を同じ大きさにそろえてあります。
（西田周作、1978、『農業技術大系畜産編1畜産基本編』より）

牛乳が日本に伝えられたのは飛鳥時代で、700年には都に乳牛院がおかれ、乳を搾って蘇をつくって朝廷に献上する制度「貢蘇の令」がしかれました。701年には、「厩牧令」によって全国に「乳戸」と呼ばれる牧場がつくられ、ウシが飼育されました。この「貢蘇の令」は平安末期の1100年から1300年代まで続いたようです。

しかし、戦国時代になると薬乳が廃れ、「乳戸」はなくなり日本における牛乳飲用の習慣は失われました。これは歴史上不思議な事象の一つです。戦国時代以降、乳を生産して蘇を飲食する風習や技術が全く廃れてしまったのです[1]。

江戸時代になると、八代将軍・徳川吉宗は1727年にインドから白牛[2]3頭を輸入し、安房の郷（現在の千葉県）の嶺岡の牧場で飼育させました。これが日本における酪農の発祥とされています。ここで搾った牛乳に砂糖を加えて煮詰め乾燥させてつくった乳製品「白牛酪」は、薬や栄養食品として珍重されました。しかし、牛乳や乳製品はこの時代でもまだ、限られた身分の高い人たちのものでした。

1856年、下田に来航したアメリカ人のハリスは、江戸幕府に牛乳の調達を要求し近隣の村々から牛乳を集めさせました[3]。このことが、日本における牛乳生産が始まるきっかけ

[1] 仏教発祥の地であるインドにおいては、仏教と牛乳の関わりが重要な意味をもち牛乳の文化が定着しました。しかし、日本では、仏教の影響により家畜の食用が禁じられ、牛乳の生産が廃れていったことは不思議な歴史の流れといえるかもしれません。

[2] 南アジアで家畜化されたセブー種のことで、背中にコブがありコブウシとも呼ばれます。セブー種は耐暑性があり、アジア・アフリカの高温地帯に広がりました。

[3] この当時の牛乳の量は、1日1頭当たり平均100gと極めて少量だったとされています。その値段は牛乳360mLがコメ1俵に等しかったといわれています。

醍醐から生まれた「醍醐味」

古の乳製品であった酪・蘇・醍醐についてもう少し見てみます。平安時代の字引には「牛乳を煮てつくるのが酪で、その酪が蘇となり、蘇が醍醐や乳餅となった」とあります。蘇は今の練乳、醍醐は乳餅やチーズと考えられています。深い味わいや本当の楽しみなどのことを「醍醐味」といいますが、「醍醐」とは古代の最高級の乳製品の名前で、仏教でいう五味の最上のものを指します。醍醐味を辞書で引くと「1. 仏語。仏陀の最上の真実の教え。2. 物事の本当の面白さ。深い味わい」とあり、醍醐味の語源は、なんと古の乳製品「醍醐」の美味しさからきているのです。

になったのです。そして、1863年には千葉県出身の前田留吉が、オランダ人から搾乳や処理の技術を学び、横浜で日本初の牛乳の製造販売を行いました**[1]**。

◯明治以降に本格化、戦後急成長した日本酪農

明治時代になって、西欧文明とともに酪農や乳の加工技術が導入され、乳製品が製造販売されるようになりました。そして、次第に日本社会に牛乳、乳製品が定着するようになりました。1871年、新聞や雑誌に「明治天皇が毎日2回牛乳を飲まれる」という記事が掲載されて、国民に牛乳が知られるようになりました。牛乳が普及して庶民の飲み物となったのは、明治時代になってからなのです。

官民一体で乳牛の輸入・改良　明治時代は、政治・経済などさまざまな分野で、官民一体となって発展を遂げた時代です。酪農分野でも官民一体が行われ、乳牛の交配・品種改良・優良な乳牛を管理するための制度がつくられ乳牛の血統登録などが行われました。このことにより乳量が増え、酪農が発展しました。

明治政府は、1868（明治元）年から、国内の酪農産業の拡大を図るため、外国の乳牛を種ウシとして輸入し、民間に

[1] 前田留吉はその後、牛乳の普及と啓蒙を図りながら多くの牧牛家（乳業経営者）の指導に当たり、日本における商業的な牛乳事業の先駆者となりました。

図1-6　明治時代に民間によって輸入された乳牛の例（エアシャー種）
（神津邦太郎、1910、『物見山神津牧場沿革記』〈『明治農書全集8畜産』〉より）

も外国乳牛の輸入を奨励し、ジャージー種やエアシャー種[2]、ホルスタイン種などが輸入されました（図1-6）。1900（明治33）年、政府はエアシャー種を日本酪農の将来を担う乳牛として登録し奨励しましたが、うまく定着せず、その後、ホルスタイン種を奨励乳牛として登録しました。

　大正時代の初め頃には、国内の乳牛の血統や品種の正当性を維持するため、「乳牛登録事業」が開始されました。この頃には、日本全国の乳牛はほとんどがホルスタイン種によって占められており、現在のホルスタイン種中心の日本酪農の先駆けとなったのです。また、明治政府は北海道の開拓に酪農を取り入れて、牛乳の栄養価値の普及につとめました。牛乳の普及が急速に進んだのは日清・日露戦争の時で、傷病兵が栄養剤として牛乳を飲むようになったことで一般に広まりました。

1960年代には40万戸を超えた飼養戸数　第二次世界大戦後の食糧難の時代は、限られた配給の穀物やイモ類、野菜などを主とする食生活が中心でしたが、戦後の復興とともに少しずつ牛乳、乳製品、卵、肉といった動物性食品や豆類の摂取が増加しました。1955（昭和30）年頃から20年近く続いた高度経済成長期には、牛乳やバター、チーズ、肉、卵といった欧米型食品の摂取が急速に進み、食品の輸入も増えて、牛乳、乳製品、肉類の消費量は急激に伸びました。1958（昭和33）年には学校給食に牛乳が採用されたことから牛乳の消費量は飛躍的に伸びました。

　戦後の復興とともに乳牛の飼養戸数・飼養頭数とも増加を続け、1960年代には40万戸を超え、全国各地で広く乳牛が飼養されるようになりました[3]。その後、飼養戸数は減少に転じましたが、飼養頭数は1985（昭和60）年頃まで増加を続け、1戸当たりの飼養頭数が増加し規模拡大が進んでいきます。

[2] ジャージー種は、イギリスのジャージー島原産で、乳脂肪率が高いなど、乳の品質がすぐれていましたが、体形はやや小ぶりで乳量はそれほど多くありませんでした。エアシャー種は、イギリスのスコットランド西部エア州原産で、強健な体質でしたが、乳量はホルスタイン種ほど多くありませんでした。

[3] 乳牛の飼養戸数・飼養頭数は、1955（昭和30）年には25.4万戸・42万頭、1960（昭和35）年には41万戸・82万頭、1963（昭和38）年には41.8万戸・115万頭に達しました。

3 世界の酪農と日本酪農の現在

　牛乳・乳製品は世界の多くの国で生産・消費され、非常に貴重な農産物となっています。それを支える世界の主な国々の酪農の概要を比較したデータを表1-1に示しました。

●国や地域によって特徴的な世界の酪農

　EU　酪農先進国の集合体で、生乳生産量は世界で最も多く、世界全体のほぼ2割を占めています。世界の主要な乳製品の輸出国でもあり、世界の輸出量の3割近くを占めています。EUの乳製品輸出の特徴は、チーズのような高付加価値製品から脱脂粉乳まで幅広い製品を輸出している点です。EUは酪農先進国として酪農文化が発達していますが、酪農の形態は地域や経営などによる多様性があることも特徴です。

　アメリカ　乳牛の飼養頭数、生乳生産量、牛乳の消費量とも世界のベストスリーに入る酪農王国の一つで、酪農技術が最も進んでいる国ともいえます。とくに注目すべきは、1頭当たりの年間乳量で、なんと1万kgを超えていることです。アメリカでは、乳量を増加させるという目的で乳牛の飼養技術を進歩させてきており、近年も特別な飼料の利用と品種改良によって1頭当たりの年間乳量は年々増加しています。

表1-1　世界の主要国における酪農概要の比較

		EU	アメリカ	インド	ニュージーランド	中国	日本
生乳生産量	万トン	15,887	9,313	14,568	2,000	4,197	741
酪農経営体数	万戸	148	6.4	8,000	1.2	172	1.6
経産牛飼養頭数	万頭	2,351	976	13,601	500	1,499	85
1戸当たりの経産牛飼養頭数	頭/戸	16	152	1.7	416	8.7	52
1頭当たりの年間平均乳量	kg/頭	6,776	10,150	1,446	4,119	2,980	8,209
乳製品輸出量	万トン	1,735	1,007	71	1,865	8.3	0.6
乳製品輸入量	万トン	143	171	9	20	1,207	185
牛乳消費量（飲用）	万トン	3,326	2,140	8,080	50	1,335	400

（牛乳消費量は、アメリカ農務省が2020年に発表した2019年のデータ。その他は、「海外情報　畜産の情報」、2017年10月号の資料、2013〜2017年のデータ）

インド　飼養頭数、飼養戸数とも群を抜いていますが、1戸当たりの飼養頭数や1頭当たりの乳量は非常に少なくなっています。インドでは主に在来品種や水牛が飼育され、農作物の副産物や野草が多く与えられているため、生産性は低い状態です。多くの農家は、酪農を副業とする複合経営で、農作物の不作時でも得られる生乳の販売代金が貴重な収入源になっています。また、インドは乳製品の輸出入が少ないことも特徴です[1]。

ニュージーランド　酪農が国の主要産業であり、乳製品の輸出量は世界全体の輸出量のほぼ30%を占めています。国の人口は500万人ほどで国内市場は小さく、生乳の約95%は乳製品に加工されて輸出されています。ニュージーランドの酪農は、広い牧草地を利用した放牧によって行われ、農場の平均規模は100ha、飼養頭数は400頭を超えています。放牧により生産コストが低く抑えられていることから、強い競争力をもっています。

中国　乳牛の飼養頭数（経産牛）は日本の15倍以上、生乳生産量は5倍以上という規模になっていますが、酪農経営は小規模経営が大半を占めています。大規模経営体には、生乳の品質向上が求められており規模拡大が急速に進んでいます。また、中国では乳製品輸入量が非常に多くなっています[2]。

●規模拡大・乳量増加の一方で増加する乳製品の輸入

日本の酪農は近年、集約化が進み規模が拡大しています。乳用牛の飼養状況と生乳生産量の推移を図1-7に示しました。飼養頭数は高度経済成長期の1960年代を中心に大きく増加し、1985（昭和60）年には211万頭に達し、生乳生産量もこれにともなって増加しました[3]。しかし、1979（昭和54）年以降は、生乳需給の不均衡などを背景とした生産調整が行われるようになり、近年は横ばいから減少傾向にあります。乳牛の飼養頭数も減少傾向にあり、近年では135万

[1] インドでは、庶民の間で広く親しまれているチャイ（ミルクティー）の他に、ギー（バターオイル）、ダヒ（ヨーグルト）、パニール（カッテージチーズ）といったインド特有の乳製品が広く利用されています。そして、これらの乳製品は家庭で手づくりされていることが多く、自給自足が生きています。このこともインドの特徴といえます。

[2] 中国の牛乳・乳製品の消費動向は、2008年の育児用粉乳のメラミン混入事件を契機に変化が生じ、消費者は牛乳・乳製品の安全性や品質を重視するようになり、安全な輸入品を求めるようになりました。

[3] 1972（昭和47）年から数年間は、世界的な穀物不作による飼料穀物価格の高騰と第一次オイルショックの影響が畜産を直撃し、「畜産危機」と呼ばれる状況を招き、飼養頭数、生乳生産量とも減少しました（図1-7）。

❶ 現在、日本で飼育され
ている乳牛の99%はホル
スタイン種で、その他にジ
ャージー種やブラウンスイ
ス種などが飼育されていま
す。

頭前後になっています**❶**。

　飼養戸数（酪農家の数）は大幅に減少しており、酪農家1
戸当たりの飼養頭数（飼養規模）の拡大による大規模化が進
んでいます。飼養規模で見ると、1965（昭和40）年に平均
3.4頭だったのが、1985（昭和60）年には25.6頭、2000（平
成12）年には52.5頭、2015（平成27）年には77.5頭と
飛躍的に拡大しています。

　さらに、飼養技術も向上し、乳牛の改良も進んだことから、

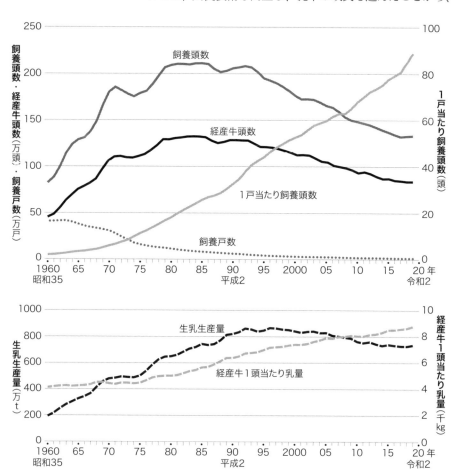

図1-7　日本の乳牛の飼養状況と生乳生産量の推移

（農林水産省「畜産統計」「牛乳乳製品統計」より作成）

24 |

乳牛1頭当たりの年間平均乳量も増加し、1965（昭和40）年には4,250kgだった乳量は、2016（平成28）年には2倍の8,500kgを超えるまでになっています。こうした乳量の増加は、世界的に見ても大きく、アメリカに次ぐものです。これにともなって生乳生産量も増加し、1996（平成8）年に866万トンに達しましたが、その後は飼育頭数（経産牛）の減少により、生乳生産量は減少傾向にあります**2**。

　わが国の乳生産量と牛乳・乳製品の需給の推移を図1-8に示しました。国内の牛乳・乳製品の消費量は、1960年代から急激に伸び始め1996（平成8）年には1,200万トンに達し、その後は横ばい状況が続いています。国内の飲用乳の需要は、乳製品の需要の伸びを上回って伸びてきましたが、10年程前から飲用乳の減少が見られます。問題なのは、牛乳・乳製品の消費量がピークに達して以来、生乳生産量が減少していることです。そして、乳製品の輸入量は確実に増加しています。農業生産物である酪農製品は、すべての自給はできないまでも輸入量はできるだけ抑える必要があります**3**。そういう意味で酪農体系の見直しが必要です。

2 生乳生産量を地域別に見ると、北海道を中心に（全体の半分以上を占めています）、東北や北関東、九州などでの生産量が多くなっています。また、北海道で生産される生乳は、乳製品向けの割合が高く、都府県で生産される生乳は飲用牛乳等向けの割合が高くなっています。

3 牛乳・乳製品の自給率は、1965（昭和40）年度には86（63）％でしたが、2018（平成30）年度には59（25）％まで低下してきています。（）内は飼料自給率を考慮した値です。

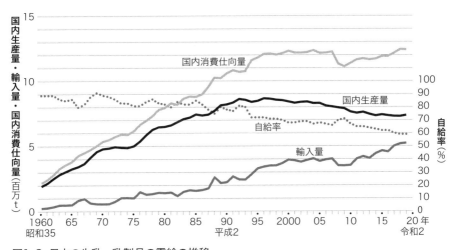

図1-8 日本の牛乳・乳製品の需給の推移
　　　（生乳単位の需給を示しています。農林水産省「食料需給表」より作成）

国連（ＦＡＯ）による世界の酪農乳業界の現状と特徴

国連食糧農業機関（ＦＡＯ）が2016年に発表した「世界の酪農乳業界：現状」では、「乳および乳製品の持続可能な生産、加工、消費は、地球とそこに住む人々に貢献し、持続可能な発展目標を実現する助けとなる。」としています。そして、世界の酪農乳業界の現状や特徴を整理しています。その主なものは以下のようです。

●乳は世界中で生産される貴重な農産物の一つ。2013年の乳の総生産量は7,700億リットル、価格にして3,280億USドルに上り、全世界の農産物の中でも生産トン数で第3位、金額ベースで第1位につけている。

●乳は世界各地で生産される産物。ほぼ全世界で生産、消費され、ほとんどの国において生産量および金額ベースの両面で農産物の上位5品目に入る。世界の乳生産量に占める割合も乳牛が82.7％と圧倒的に高く、残りは水牛13.3％、ヤギ2.3％、ヒツジ1.3％、ラクダ0.4％である。

●乳は世界的な商品。乳および乳製品は、世界的な農産物貿易の約14％を占める。とくに、全脂粉乳と脱脂粉乳は生産量に占める貿易品の割合が最も高い農産物である。その一方で、生鮮品に相当する乳製品は、生産量の1％未満しか輸出入されず、貿易取引の最も少ない農産物である。

●成長著しい酪農乳業界。今後10年間の世界の乳生産量は年間平均で1.8％増加し、2025年までには1億7,700万トンの増産が見込まれている。それと同時期に乳製品の人口1人当たり消費量は開発途上国で0.8〜1.7％増、先進国では0.5〜1.1％増が見込まれている。

●暮らしを支える乳畜。作物や肉とは異なり、毎日、消費／販売できる乳や乳製品を産出する乳畜は、生産者にとって日常的な食物と金銭の供給源である。乳畜は富となり、レジリエンス（経済的回復力や弾力性）を高める。

●栄養と健康に重要な酪農製品。乳および乳製品はエネルギー源となる栄養価の高い食品であり、とくに、健康を脅かされやすい人々（妊婦や子供など）の飢餓や栄養不足を防ぐ上で必要不可欠なタンパク質と微量栄養素（カルシウム、マグネシウム、セレン、リボフラビン、ビタミン B_5、B_{12}）を大量に含む。

2 乳の成分と子の成長、ヒトの健康

1 各種哺乳動物の乳成分の特徴

　乳は、哺乳動物の雌が分娩して生まれた子の生育のための食物として乳腺から分泌されるものです。動物の子は一定期間、乳だけで育てられます。

　現在、地球上には約 5,000 種類の哺乳動物が生息しています。各種動物の乳の組成を見ると種によって大きな違いがあり**❶**、乳の組成と成分には、それぞれの動物の種特異性が見られます。表 2–1 に代表的な哺乳動物の乳成分を示しました。乳成分は動物の種類によって大きく異なり、それぞれの動物の子を正常に発育させるのに見合った組成になっているように思われます。

❶ 乳脂肪は 0 ～ 53.3%、乳タンパク質は 1.0 ～ 23.7%、乳糖は 0 ～ 10.2%、無機物は 0.1 ～ 2.3% と動物の乳成分の濃度は広範囲にわたっています。

◯乳成分から見た哺乳動物のタイプと特徴

　代表的な哺乳動物は、乳成分の特徴からおよそ 3 つのタイプに分類できます。一つ目は高脂肪型で、クジラのような水棲動物やシロクマのような北極圏動物、二つ目は高乳糖型で、ヒトを代表とする霊長目およびウマのような奇蹄目、三つ目は脂肪、タンパク質、糖質（乳糖）の 3 成分の均等型で、イヌのような食肉目およびブタ、ウシ、ヤギのような偶蹄目があげられます。

　高脂肪型　水中に棲むクジラの乳は脂肪分が 34.8%、寒冷地域に棲むシロクマの脂肪分は 31.0% です。クジラやシロ

クマの乳の脂肪分はヒトや他の家畜の乳と比較してはるかに高くなっており、乳糖成分は極端に低くなっています。

脂肪の単位（g）当たりのエネルギー生産量はタンパク質や糖質の2倍ですから、クジラやシロクマは乳成分によって乳の量当たりのエネルギー量を極端に高めているのです。したがって、子は少ない量の乳で多くのエネルギーを獲得することができます。このように、クジラは水中にシロクマは寒冷地域に棲んでいて、それぞれの環境に応じて生活するために乳汁中の脂肪の含量が高くしているのです[1]。

高乳糖型　乳に含まれる糖質である乳糖の量は、ヒトの乳が、最も高い値を示しています。ヒトは体の成長速度に対し、脳の発達速度がとても早いためと考えられます。脳や神経の発育には、乳糖が分解されてできるガラクトースが欠かせないといわれています。そのため、ヒトの乳には乳糖がたくさん含まれているのです。乳糖含量が高い乳を出す動物にウマがいます[2]。

3成分均等型　イヌやブタの乳は、固形分含量が高く、脂肪、タンパク質、乳糖の成分がバランスよく含まれています。このことは、これらの動物が他の動物と比較して成長が早いことと深く関係しています。同じ反芻動物であるヤギやウシの乳の成分はよく似ていて、脂肪、タンパク質、乳糖の成分が

[1] また、クジラのように水中で授乳する動物にとって、乳汁中の脂肪の濃度が高いことは乳の拡散を防ぎ、水中での哺乳をスムーズに行うことができます。

[2] モンゴルにはウマの乳を発酵させてつくる馬乳酒がありますが、馬乳酒をつくれるのは、ウマの乳の乳糖濃度6.3%と高いからです。また、タンパク質濃度が低いこともお酒をつくるのに向いているのかもしれません。

表2-1　各種動物の乳成分の比較

（含有割合：％）

動物名	固形分	脂肪	タンパク質	糖質	無機質	出生時の体重が2倍になるまでに要する日数
クジラ	51.8	34.8	13.6	1.8	1.6	−
シロクマ	42.9	31.0	10.2	0.5	1.2	−
イヌ	21.1	8.6	7.4	4.1	1.2	9
ブタ	19.2	7.6	5.9	4.8	0.9	14
ヤギ	12.1	3.7	3.3	4.3	0.8	22
ウシ	12.0	3.8	3.1	4.4	0.7	47
ウマ	10.1	1.3	2.1	6.3	0.4	60
ヒト	12.0	3.5	1.1	7.2	0.2	180

（大谷元、2012、『畜産学入門』より）

バランスよく含まれていますが、その濃度はイヌやブタと比べて低くなっています。なお、ウシ（乳牛）では品種によって脂肪含量が異なり、ふつうホルスタイン種3.8％、ジャージー種5％、水牛8％で、水牛が一番高くなっています。この値の違いには、乳量が影響しているのかもしれません。

●乳のタンパク質・ミネラルと子の成長

　哺乳動物の体を構成する細胞の固形物の50％はタンパク質で、骨と歯の主成分はカルシウム（Ca）やリン（P）などの無機質（ミネラル）です。そのため、乳汁中のタンパク質とミネラルは体の維持に不可欠な成分なのです。

　哺乳動物の出生時の体重が2倍になるまでの日数は、動物の種類によって異なります。生れた子は筋肉と骨格を形成しながら成長していきます。乳汁中のタンパク質とミネラル（とくにCaとPの含量）との間には正の相関関係があります。また、これらの成分と出生時の体重が2倍になるまでに要する日数（すなわち成長速度）との間には負の相関関係があります[3]。生まれた子は体タンパク質と骨格を形成しながら成長しますので、成長には乳の成分が大きく影響しているのです。

●ウシとヒトの乳成分の違いはどこに？

　3成分均等型のウシの乳と高乳糖型のヒトの乳の成分組成の違いを見てみます（図2-1）。ヒトの乳はウシの乳に比べて、

[3] 表を見ると、ウシの乳のタンパク質や無機質は、ヒトの3倍くらい含まれており、出生時の体重が2倍になるまでに要する日数は1/3以下になっています。

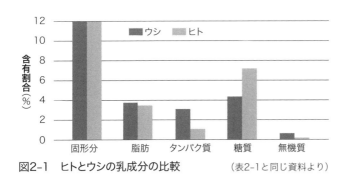

図2-1　ヒトとウシの乳成分の比較　　　　（表2-1と同じ資料より）

糖質（乳糖）が 1.5 倍も多いのに対して、タンパク質やミネラルは約 1/3 と少ないことが特徴です。ヒトの乳のタンパク質やミネラルの濃度が低いのは、前述したように、ヒトはウシより成長速度が遅いからです。

　ヒトの乳とウシの乳では他の成分についても、量的な違いだけでなく、質的な違いがあります。たとえば、タンパク質の場合、ウシの乳はカゼインが約 80% 含まれ、残りがホエー（乳清）タンパク質です。ヒトの乳の場合はアルブミンなどのホエータンパク質を約 50% も含んでいます。

　私たち人間は母乳の出が悪い場合、ウシの乳を原料とした育児用コナミルクを赤ちゃんに与えます。このコナミルクは調製粉乳と呼ばれ、成分を母乳に限りなく近づけるため、栄養成分に改良が加えられています。

2 牛乳の成分とすぐれた機能

　牛乳は、世界中で広く利用されており、子供の成長や成人の健康維持に重要な役割を果たしています。牛乳中の糖質と脂質はエネルギー源として、タンパク質とミネラルは体の構成要素である筋肉や骨をつくります。

●乳成分のすばらしい特徴とはたらき

　牛乳の成分について図 2-2 に示しました。牛乳は、ふつう水分 87.6% と固形分 12.4% からなり、固形分には脂質 3.8%、タンパク質 3.1%、乳糖 4.6%、ミネラル 0.7%、微量のビタミンが含まれます。このように牛乳には体をつくり動かす栄養素が詰まっているのです。

|水分|液状でも固形分が豊富　人間の食物には液状のものと固形のものがありますが、液状で栄養的にバランスが取れている食品は牛乳以外にはありません。乳児は乳を飲むことで水分と固形分を同時に取れるという利点をもっています。水

は生命の存続に不可欠なものですが、乳は乳児にとって大事な水の供給源でもあるのです。

　固形の野菜であるトマトの水分は94%で、大根は94.6%、キュウリに至っては95.4%ですから、牛乳はキュウリの3倍近くの固形分を含んでいることになります。このように牛乳は固形物を多く含みますが、飲めるほどの液状です。このことは、歯がはえていなくて消化管の機能が発達していない乳児には好都合の食べ物なのです。

│**タンパク質**│ **Caを保ち、免疫力アップ**　牛乳には約3%のタンパク質が含まれていますが、そのうちの約80%はカゼインで、約20%は乳清タンパク質です[1]。カゼインと乳清タンパク質には、異なる特徴があります。

　主要なカゼインであるα-カゼインやβ-カゼインは、Caを運ぶ役割を担っています。また、κ-カゼインは、チーズの凝固に重要な役割を果たしています。

　牛乳中のカゼインは、カゼインミセルと呼ばれる直径20～600nmの大きさのタンパク質とCaが高密度に存在するコロイド状の粒子を形成しています。牛乳1mL中にはカゼインミセルが5～15兆個も分散しています。

　このカゼインミセルは、図2-3に示すように直径10～20nmのサブミセルといわれる小型のカゼイン粒子が集まって形成されています。サブミセル同士の間をつなぎ合わせて

[1] 乳成分を遠心分離という操作で分離すると、上部に浮いてくる油滴部分がクリームで、残ったものが脱脂乳（スキムミルク）です。脱脂乳は白い液体ですが、食酢（酢酸）などを加えてpHを4.6に調整すると、ある種のタンパク質が凝集して固まって沈みます。この固まりがカゼインで、沈まないで残ったタンパク質が乳清タンパク質です。

図2-2　牛乳の一般的な成分

いるのがリン酸カルシウムです。カゼインミセルでは、カルシウム（Ca）がタンパク質粒子を結びつけるブリッジの役割を果たしています。通常、Caはタンパク質と結合すると沈殿しますが、こういう状態ですと水に分散できるのです。このため、牛乳は高濃度のCaを含んでいますが、タンパク質が沈殿しないで均質な分散状態を保つことができるのです。このように、牛乳はCaとタンパク質をパックにして中に包み込むような構造をもった食品なのです。

　成人女性がコップ一杯（200mL）の牛乳を飲むと、Caの1日の摂取基準量の40％以上、タンパク質の10％以上を摂取することができます。つまり、牛乳はタンパク質とCaを効率よく摂取するための最適の食品なのです。牛乳は乳児や子供の成長、妊婦と胎児の健康増進、成人においては健康な身体づくり、高齢者においては骨の強化や免疫力強化を促進します。このように、牛乳は人間にとって重要な食品なのです。

　乳清タンパク質は全乳タンパク質の約20％を占め、その中には主要な乳清タンパク質の一つである β-ラクトグロブリン[1]が約10％、α-ラクトグロブリンが約4％含まれています。また、牛乳中には、免疫グロブリン（抗体としての機能と構造をもつタンパク質）が含まれており、哺乳子ウシの感染予防に重要な役割を果たしています。乳清タンパク質で

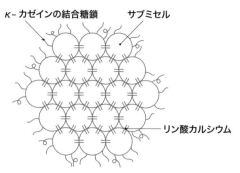

図2-3　カゼインミセルの模式的に表した構造
（Waistraのモデル、1990）

あるラクトフェリンは、鉄結合タンパク質であり鉄の吸収を調整して貧血を予防します。また、マクロファージ[2]を活性化したり、Bリンパ球の増殖を促進したりして、免疫力を高め細菌の増殖を抑え感染症を予防するはたらきがあります。

|炭水化物（乳糖）|整腸作用の促進など多様な作用　乳に含まれる炭水化物は、ほとんどが乳糖（ラクトース）[3]で約4.6%含まれています。乳糖は、哺乳類の新生児が母親から供給される唯一の糖です。

　摂取した乳糖は、小腸粘膜より分泌される酵素（ラクターゼ）により分解されガラクトースとグルコースになって吸収されます。ヒトやウシの新生児では乳糖を分解するラクター

[2] 自然免疫において重要な役割を果たす白血球の一種、貪食細胞とも呼びます。

[3] ガラクトースとブドウ糖（グルコース）が1分子ずつ結合した二糖類で、甘みはほとんどありません。甘みは同じ二糖類であるショ糖（砂糖、スクロース）の6分の1くらいといわれています。ブドウ糖や乳糖など、さまざまな種類がある炭水化物と主な糖質の分類について図2-4に示しました。

牛乳中のタンパク質は生物価が高く良質

　牛乳タンパク質は、栄養の指標ともいえるも生物価が0.83〜0.90と高く、食物の中で鶏卵の0.87〜0.97についで高いことがラットを用いた実験からわかっています。生物価は、消化管から吸収されたタンパク質のうちどのくらいが体タンパク質として蓄積されるかを示す値で、一般に動物性タンパク質は植物性タンパク質よりも高いといわれています。

　タンパク質の栄養価が高いということは、そのタンパク質を構成するアミノ酸の中に必須アミノ酸がバランスよく含まれていることを意味します。必須アミノ酸は不可欠アミノ酸とも呼ばれ、体内では十分に合成できないアミノ酸なので、食物から必要量をかならず摂取しなければなりません。

　ヒトの必須アミノ酸は小児では、メチオニン、フェニルアラニン、リジン、ヒスチジン、トリプトファン、イソロイシン、ロイシン、バリン、スレオニンの9種類で、成人ではヒスチジンを除いた8種類です。これらのうち、1種類のアミノ酸でも不足すると体タンパク質の合成ができなくなります。

　食物中でとくに不足しがちな必須アミノ酸は、リジンとメチオニンです。粗タンパク質中のリジンとメチオニンの高いものは多くの場合、栄養価が高いと考えられています。一般に粗タンパク質中のリジンとメチオニンは動物性タンパク質で植物性タンパク質より高くなっています。牛乳中のタンパク質は、リジンやメチオニンの含有量が高いことから栄養価が高い良質のタンパク質といえます。

ゼの活性は高いのですが、成長にともなって乳を飲まなくなるとラクターゼの活性が低下します。しかし、成長しても乳を飲み続ければラクターゼの活性は維持されます。乳糖は、吸収されるまで時間がかかり消化管に長く留まるため、整腸作用を促すはたらきがあります。また、乳糖は腸粘膜からのCaや鉄（Fe）の吸収を促進する作用や腸内においてビフィズス菌の発育を促進する作用があることが知られています。

　ガラクトースはセレブロシドという糖脂質として脳などに含まれることが知られており、乳幼児の脳・神経組織の発育に役立つことが指摘されています。また、ガラクトースは体内でグルコースに変えられ、乳児の血糖値の維持やエネルギー源としても使われます。

　│脂質│消化・吸収されやすい重要なエネルギー源　牛乳は約3.5〜4.0%の脂質を含みます。その97〜98%がトリグリセリドで、残りがリン脂質、コレステロール、遊離脂肪酸、少量のカロテンや脂溶性ビタミンです。哺乳動物の体内では、主に、脂肪と炭水化物がエネルギー源として使われますが、牛乳の成分から計算すると子ウシは約71%のエネルギーを脂肪から得ていることになります。

　これに対してヒトでは、脂肪と炭水化物のエネルギー源の依存度は半々になります。ウシの場合、乳脂質は子ウシのエ

図2-4　炭水化物の種類と主な糖質の分類

炭水化物	糖質	糖類	単糖類	ブドウ糖（グルコース）、果糖（フルクトース）、ガラクトース、キシロースなど
			二糖類	乳糖（ラクトース）、砂糖（ショ糖、スクロース）、麦芽糖（マルトース）、セロビオースなど
		少糖類（オリゴ糖類*）		イソマルオリゴ糖、フラクトオリゴ糖、セロオリゴ糖など
		多糖類		デンプン、デキストリン、グリコーゲン、フルクタンなど
		糖アルコール類		ソルビトール、マルチトール、キシリトールなど
		その他		アセスルファムカリウム、アスパルテームなど
	食物繊維			セルロース、ヘミセルロース、ペクチンなど

＊単糖類が2〜10個程度結合したものですが、一般には酵素利用技術などによって新たに開発された少糖類を指します。

ネルギー源として大きな役割を占めているのです。

　牛乳の脂肪は重要なエネルギー源で、乳脂肪には体内で合成されない必須脂肪酸、脂溶性ビタミン（A、D、E）などが含まれています。飽和脂肪酸を 60 〜 70％と多く含み、中鎖飽和脂肪酸も高い割合で含まれています。また、オレイン酸（C18：1）などの1つの二重結合をもつモノ不飽和脂肪酸の多いのも特徴です。

　牛乳の脂質は直径 0.1 〜 10μm の脂肪球として牛乳 1mL 中に 20 〜 60 億個が分散しています[1]。牛乳の脂質は脂肪球膜に包み込まれ脂肪球として分散していますので、表面積が大きくなっており消化酵素の作用を受けやすいという利点があります。

　また、吸収されやすく代謝されやすい短鎖や中鎖の脂肪酸をほぼ 50％も含んでいることも牛乳の特徴です。さらに牛

[1] 牛乳には、これまで紹介してきたようにタンパク質や脂肪が目に見えない程の細かい粒子の形でたくさん存在しています。牛乳が白く見えるのは、これらの粒子に光が当たり乱反射することによるのです。雲や波が白く見えるのと同じ現象なのです。

脂肪酸の構造と種類　必須脂肪酸、飽和脂肪酸、短鎖脂肪酸とは？

　脂肪酸は、炭素（C）、水素（H）、酸素（O）の原子で構成され、炭素原子が鎖状につながった一方の端にカルボキシル基（–COOH）がついています。炭素の数や炭素と炭素のつながり方などの違いにより、酢酸（C2：0）、プロピオン酸（C3：0）、酪酸（C4：0）、オレイン酸（C18：1）、リノール酸（C18：2）、リノレン酸（C18：3）など、さまざまな種類があります。リノール酸やα－リノレン酸などは、生命の維持に不可欠なものですが、体内でつくることができず食物からとる必要があることから、必須脂肪酸と呼ばれています。

　これらの脂肪酸は構造の違いにより飽和脂肪酸（炭素と炭素の間に二重結合が全くない脂肪酸）と不飽和脂肪酸（炭素と炭素の間に二重結合がある脂肪酸）に分類されます。また、炭素の数（炭素の鎖の長さ）によって短鎖脂肪酸（炭素の数が6個以下のもの、➡ p.47）、中鎖脂肪酸（炭素の数が8〜10個のもの）、長鎖脂肪酸（炭素の数が12個以上のもの）に分けられます。

　なお、脂肪酸は、オレイン酸であれば、（C18：1）と略記されますが、これは炭素数が18個で二重結合の数が1個であることを示しています。

乳中には、細胞膜の構成上欠かせない成分であるリン脂質が0.03%、コレステロールが0.01～0.02%含まれています。

| ミネラル | **Caを多く含み吸収率も高い**　牛乳は約0.7%の無機質（ミネラル）を含みます。カリウム（K）、ナトリウム（Na）、カルシウム（Ca）、マグネシウム（Mg）、リン（P）、硫黄（S）、塩素（Cl）などが含まれ、アルカリ性食品です。ミネラルは体内の骨格の主要成分です。また、体内において、体液のpHの維持、浸透圧の調節、神経系の伝達、筋肉の収縮、血液凝固など重要なはたらきを担っています。

　牛乳は、Caを多く含んでいるだけでなく、吸収面でもすぐれています。Caの吸収率は、小魚約33%、野菜約19%に対し、牛乳は約40%で食品の中で最も効率よく吸収されます。

　牛乳中のCaはカゼインと結合したコロイド状または可溶性の形で存在しますので、腸管からの吸収が容易です。また、牛乳中の乳糖、カゼインからできるカゼインホスホペプチドは腸管からのCaの吸収を促進します。このように牛乳は、Caを多く含んでいるだけでなく、吸収率も高いことからCaの供給源としてすぐれた食品なのです。

| ビタミン | **脂溶性と水溶性の豊富なビタミンを含む**　牛乳はビタミンの供給源としてもきわめて重要です。牛乳には脂溶性ビタミンとしてビタミンA、その前駆体、およびビタミンD、E、Kが含まれ、乳脂質に溶け込んだ形で存在します。牛乳100g中レチノール30μg、β-カロテンを含みビタミンA抗力として120IUを示します。

　水溶性ビタミンとしてはビタミンB$_1$、B$_2$、B$_6$、B$_{12}$、ナイアシン、パントテン酸、ビオチン、葉酸などを含みます。糖質代謝に必要なビタミンB$_1$は、牛乳100g当たり0.03mg含まれており、多発性神経炎や脚気の予防に効果があります。ビタミンB$_2$は牛乳100g当たり0.15mg含まれ、食品の中でビタミンB$_2$の供給源としてすぐれています。ビタミンB$_2$

は成長促進、口角炎を防ぐ効果が知られています。

◯注目される牛乳関連成分の機能性

牛乳は牛乳関連成分を用いた製品にも利用され、特保（特定保健用食品）[1]になっているものも少なくありません。これまでに約1,100の品目が許可されていますが、その約15%は牛乳関連成分を用いた製品です。

整腸機能の特保として、オリゴ糖がありますが、オリゴ糖には、乳清の発酵産物から見つかったプレバイオティクス（腸内に棲む有用菌の増殖を促す食品）があります。

乳中のタンパク質の加水分解物であるペプチドに生理活性をもつものがあることが報告されています[2]。

また、牛乳の成分の中には、骨からCaが過剰に溶け出すのを防いだり、Caを骨に定着させ骨をつくるはたらきをサポートする成分も見つかっています。このように、牛乳は機能性の面からも人間にとって重要な食品なのです。

◯牛乳を飲用する場合の問題点は？

牛乳を飲用する場合の問題点としては、牛乳アレルギーと乳糖不耐があげられます。

牛乳アレルギー　牛乳に含まれるタンパク質に対するアレルギー反応です。主に、牛乳に含まれるタンパク質の一種のα－カゼインにより起こります。日本の食物アレルギーでは鶏卵に次ぐ多さで、乳幼児に多く見られ、2〜3歳で耐性を獲得し自然に消えていくことが多いとされています。

乳糖不耐　牛乳飲用によってお腹がゴロゴロしたり、下痢を起こしたりする症状です。乳糖不耐は腸内で乳糖分解酵素が十分にはたらかないことにより起こります。乳糖分解酵素が欠損している人の比率は、地域性や民族によって大きく異なります。北欧ではほとんどの人がこの酵素をもっていますが、アジアの人々は酵素が欠損している比率が高く、乳糖不耐が起きやすいのです。

[1] 生理学的機能などに影響を与える保健機能成分を含む食品で、消費者庁長官の許可を得て特定の保健の用途に適する旨を表示できる食品。

[2] オピオイドペプチドは、神経伝達物質の分泌を抑制して鎮痛作用を示します。牛乳タンパク質を分解した時にできるペプチドには、血圧上昇を抑制する作用をもつもの、カゼイン由来の機能性ペプチドで腸管でのCaの吸収を促進して骨の健康を高めるもの、マクロファージなどの活性を高める免役賦活ペプチドなどがあります。

動物性タンパク質、牛乳を飲む習慣で寿命が延びる

　私は、栄養学を研究しているイギリスのローウエット研究所を1993（平成5）年に訪ねた時、栄養学者のハーベル博士が語っていたことが今でも脳裏に残っています。「日本では第二次世界大戦後の1950年以降、食生活の欧米化が進み、日本人の身長が伸び足が長くなり鼻が高くなり顔が美形になりましたね。しかも寿命が延び世界有数の長寿国になったことは、栄養学上、世界史に残るほどの大きな出来事なんです」と語っていたのです。

　日本人の平均寿命が世界でトップクラスになった背景としては、いわゆる「食の欧米化」といわれる食生活の変化があげられます。戦後の復興とともに肉と牛乳によって動物性タンパク質を日常的にとるようになってから、平均寿命が延びました。日本人の1955〜1975年に

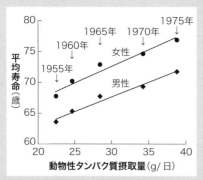

図2-5　動物性タンパク質の摂取量と平均寿命との関係
（厚生労働省「国民栄養調査」「国民衛生の動向」より作成）

おける動物性タンパク質摂取量の増加と平均寿命の延びとの間には、非常に高い正の相関関係が見られます（図2-5）。動物性タンパク質摂取量は1955年の1日22.3gから1975年の38.9gと20年間で1.7倍に増加し、この間に平均寿命は10歳近く延びました。

　また、牛乳の効用について興味ある事実が報告されています。毎日牛乳を飲む高齢者の10年後の生存率について柴田博士が調査した小金井研究というものです。

　1991年、満70歳の高齢者2,000名を対象に、10年間「牛乳を飲む習慣と生存率の関係」について調査しています。この報告によると、毎日牛乳を飲む女性は10年後の生存率が85%で一番高く、次いで牛乳を毎日飲む男性、めったに牛乳を飲まない女性、めったに牛乳を飲まない男性という順になりました。男女とも、牛乳を飲む習慣のある高齢者の生存率が高い値を示しました。牛乳を飲む習慣が生存率を高めるという非常に興味深い調査結果です。この調査では同時に、牛乳を飲む70歳以上の男女の身長の縮み具合を計測しましたが、牛乳を毎日飲む人の身長の縮み方が小さいという結果も出ています。

　このように、牛乳を飲むことにより、体の健全性が維持され寿命が延びることが報告されています。

3 乳牛の消化管の形態とはたらき

1 口腔内の形態と口腔内消化のしくみ

●臼歯で草を摺りつぶし、反芻してかみ砕く

　ウシの口腔内を見てみると、上顎には、臼歯はありますが、切歯や犬歯はなく、上顎の前の部分は筋肉盤を形成しています。下顎には切歯や臼歯がありますが犬歯はありません。しかし、ウシは長い舌をもっています。そのため、稲のような丈の長い草を舌で巻き取り、下顎にある切歯を鎌のように使って草を噛み切ることができるのです。そして、臼歯では、上顎の臼歯を固定して下顎にある臼歯を水平に動かして繊維質の多い草を摺りつぶして口腔内消化を行っています。

　ウシは摂取した飼料を口腔内消化で多少細かくして、胃内に飲み込みルーメンにため込みます。さらに、反芻によって口腔内に吐き戻したルーメンの内容物を臼歯で細かくかみ砕きます。反芻という行為は反芻動物独特の生理機能であり、摂取した飼料の消化に重要な役割を果たしているのです。反芻については、後ほど詳しく述べます（➡ p.84）。

●重要な生理作用である唾液の分泌とその特徴

　ウシの口腔内消化で、重要な生理作用は唾液の分泌です。主な唾液腺について図3-1に示しました。唾液腺は、物理化学的な性質から3つの群に分けることができます。

　第1群は、耳下腺や下臼歯腺のような漿液腺で多数の漿

液腺細胞が占めています。その唾液は分泌停止をすることはなく分泌量が多く漿液性です。第2群は、頬、口蓋、咽頭の粘膜下小唾液腺で多数の粘膜細胞からなり粘液性です。第3群は、下顎腺（ヒトでいう顎下腺です）、舌下腺、口唇腺よりなり、粘液細胞と漿液細胞よりなる混合腺です。

　ウシの唾液は第1群が量的にも質的にも重要で、分泌量は全唾液の8割以上を占めます。第1群に属する唾液腺から分泌される唾液は、アルカリ性で緩衝能が高くルーメン発酵によるpHの低下を調節しているという意味で最も重要です。

2　ウシの消化管の特徴—イヌやウマとの比較から—

　ウシの消化管の特徴は、他の動物の消化管と比較してみると、よりはっきりしてきます。図3-2に肉食動物であるイヌと、草食動物であるウシとウマの消化管を示しました。

●食べ物（餌）によって異なる消化機能や消化管

　肉食動物であるイヌは、草食動物であるウシやウマと比べて消化管はあまり発達していません。それは、食べ物（餌）として良質のタンパク質や消化のよい炭水化物を摂取しているからです。雑食動物といえる私たちヒトの消化管は、イヌの消化管よりも発達しています。

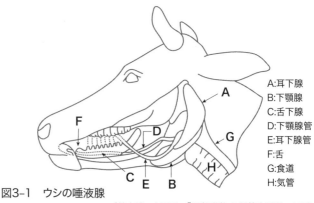

A:耳下腺
B:下顎腺
C:舌下腺
D:下顎腺管
E:耳下腺管
F:舌
G:食道
H:気管

図3-1　ウシの唾液腺

（鈴木惇、1998、『反芻動物の栄養生理学』より）

40

◎ このカードは当会の今後の刊行計画及び、新刊等の案内に役だたせて
いただきたいと思います。　　　　　　　　はじめての方は○印を（　　　）

ご住所	（〒　　―　　　）
	TEL：
	FAX：

| お名前 | 男・女 | 歳 |

E-mail：

| ご職業 | 公務員・会社員・自営業・自由業・主婦・農漁業・教職員(大学・短大・高校・中学・小学・他) 研究生・学生・団体職員・その他（　　　　　　　　　　　） |

| お勤め先・学校名 | 日頃ご覧の新聞・雑誌名 |

※この葉書にお書きいただいた個人情報は、新刊案内や見本誌送付、ご注文品の配送、確認等の連絡
　のために使用し、その目的以外での利用はいたしません。

● ご感想をインターネット等で紹介させていただく場合がございます。ご了承下さい。

● 送料無料・農文協以外の書籍も注文できる会員制通販書店「田舎の本屋さん」入会募集中！
　案内進呈します。　希望□

■毎月抽選で10名様に見本誌を１冊進呈■（ご希望の雑誌名ひとつに○を）

　①現代農業　　②季刊 地 域　　③うかたま

お客様コード ｜　｜　｜　｜　｜　｜　｜　｜

17.12

お買上げの本

■ ご購入いただいた書店（　　　　　　　　　　　　　　　　　書店）

●本書についてご感想など

- -

●今後の出版物についてのご希望など

この本を お求めの 動機	広告を見て (紙・誌名)	書店で見て	書評を見て (紙・誌名)	**インターネット** を見て	知人・先生 のすすめで	図書館で 見て

◇ 新規注文書 ◇　　　郵送ご希望の場合、送料をご負担いただきます。

購入希望の図書がありましたら、下記へご記入下さい。お支払いはCVS・郵便振替でお願いします。

書 名		定 価 ¥		部 数	部
書 名		定 価 ¥		部 数	部

草食動物であるウマとウシの消化管の形態は、イヌやヒト
と比べて大きく異なります。草食動物は、主に繊維含量が高
い草などを食べているため、消化管の形態が発達していて複
雑になっています。このように哺乳動物は、彼らが食する食
物によって消化機能や消化管の形態が異なっているのです。

◉前胃での発酵によりウマが利用できない草も利用

　ウシとウマは、同じ草食動物ですが消化管の形態に大きな
違いがあります。

　ウシは、塩酸を分泌する本来の胃（第四胃）の前に、200L
にも及ぶ前胃をもっています（➡ p.43）。そこでは微生物に
よる発酵が行われ短鎖脂肪酸が産生されエネルギー源として
利用されています。また、産生された微生物タンパク質を体
タンパク質生成のために利用しています。さらに、下部消化
管である長い小腸や大腸で消化管内容物を十分に消化して、
栄養素をできる限り多く吸収して消化機能を高めています。

　いっぽうウマは、ウシとは異なり発酵槽は盲腸で、胃や小
腸での消化が終わった後で発酵が行われます。ウマの盲腸の
長さは約1m、体積は約30Lもある大きな器官です。この
盲腸の中の微生物が未消化のセルロースを発酵分解して短鎖
脂肪酸を産生します。そして、この脂肪酸を盲腸や結腸で吸
収することによって、ウマはセルロースをエネルギー源とし

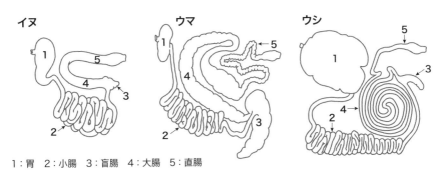

1：胃　2：小腸　3：盲腸　4：大腸　5：直腸

図3-2　イヌ、ウマ、ウシの消化管の比較

（山内昭二他監訳、1998、『獣医解剖学』をもとに作成）

て利用しているのです。

このようにウシは塩酸を分泌する胃の前に発酵槽をもつため、非タンパク態窒素[1]を多く含む質の悪い草を食べても微生物タンパク質に変えて利用できます。しかし、ウマは、胃で塩酸による消化を行ってから盲腸で発酵させるため、ウシと比べてタンパク質含量の高い質のよい草を食べなければならないのです。

[1] タンパク質以外の窒素化合物に含まれている窒素成分のことです。非タンパク態窒素化合物としては、アンモニア、尿素、アミノ酸、硝酸、核酸などがあります。

3 胃の形態とはたらき

◉腹腔の4分の3を占め複雑に進化した4つの胃

ウシのような反芻動物は、第一胃、第二胃、第三胃、第四胃と呼ばれる4つの胃をもっています。

図3-3は、左側から見た乳牛の腹腔内の胃の位置や大きさを示しています。胃はなんと腹腔の約4分の3を占める大きな囊（のう）で、複雑な構造になっています。この複雑な胃の形態は、反芻動物が進化の途上で、質の悪い草を多量に食べても、栄養素として利用できるようにするためにその機能を発達させたものと考えられます。

[注]この図では、肺の臓器は胸腔内から取り除かれています。第一胃内筋柱は、第一胃の内面に突出した厚い平滑筋繊維の束からなり、第一胃全体の立体的な形を維持しています。また、胃運動が行われる際の収縮と弛緩に関わっています。

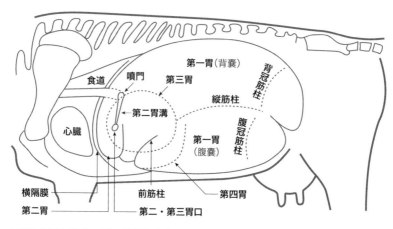

図3-3　左側から見た乳牛の胃の位置と大きさ

（玉手英夫、1965、『乳牛の科学』をもとに作成）

42

第一胃　腹腔の左半分を占め、胃全体の80%にも及び体重600kgのウシで160～235Lの大きさです。胃内にある前筋柱や縦筋柱によりその形をしっかりと維持しています。第一胃はウシにおける最も重要な器官で微生物による発酵槽を形成しています。

第二胃　小球状で第一胃の前方にあり4つの胃の中で最も小さくなっています。その代謝機能は第一胃と類似しています。また、第二胃は、胃を支配する迷走神経の扇の要の役割を果たしており、胃運動を開始する起点になっています。

第二胃には、図に示すような第二胃溝（食道溝）が存在します（図3-4）[2]。第二胃溝は両側に2つの粘膜ヒダを形成しています。哺乳子ウシでは第二胃溝は短く、このヒダを互いにくっつけて管をつくり、摂取した乳をルーメンに入らないようにして第三胃へ運ぶという重要な役割を担っています。こうした現象は、第二胃溝反射[3]と呼ばれます。

第三胃　小球状または卵円形をしており第一胃の右前端にあります。第三胃は、ルーメンから流入してきた水分の多い胃内容物を洗濯機の脱水装置のように水分を絞り出して吸収します。この時、同時に栄養素の吸収も行い、栄養生理上重要な役割を果たしています。

第一胃から第三胃までを前胃といい、その形態学的な特徴としては、摂取した飼料を胃内に蓄えて、その通過を遅らせ

[2] 第一胃における噴門部は、食道の終末であり第二胃溝の始まりでもあります。第二胃溝は、噴門部に始まり第二・第三胃口で終わります。

[3] 哺乳中の子ウシがもつ機能で、哺乳によって反射的に起こり、哺乳を中止すると次第に消失し、成牛では見られなくなります。

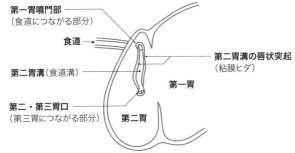

図3-4　第二胃溝の構造
（大森昭一朗、1977、『農業技術大系畜産編2乳牛』をもとに作成）

るはたらきがあります。それぞれの胃は特徴ある機能を発揮して、充分な発酵を可能にして栄養素を吸収しているのです。

　第四胃　ウシの右側にあり、長い洋ナシ状の嚢を形成しています（図3-3）。第四胃は、ヒトのような単胃動物の胃と機能は同じで塩酸などを分泌する腺をもっており、加水分解により前胃から送られてきた胃内容物を消化します。

●特徴的な4つの胃の内面の形態とはたらき

　ウシの前胃である第一胃、第二胃、第三胃の内部表面の写真を図3-5に示しました。前胃の表面は皮膚の表皮に代表される重層扁平上皮[1]で覆われています。前胃の粘膜上皮は硬い飼料に対して保護的な役割も果たしています。

　第一胃内面には、黒褐色で表面には大小の絨毛が多数見ら

[1] 薄い細胞が積み重なってできた上皮で、摩擦や機械的刺激に強いという特徴があります。皮膚（表皮）の他、口腔・咽頭・食道、肛門、膣などの粘膜は重層扁平上皮です。

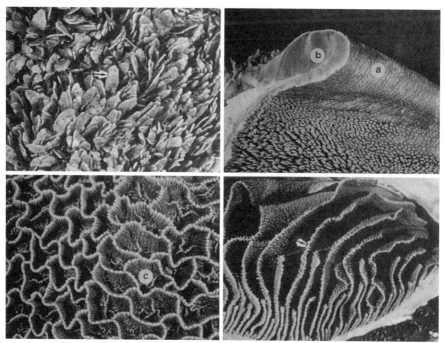

図3-5　ウシの前胃の内面の形態

左上図　第一胃（矢印は乳頭）	右上図　a：第一胃の筋柱　b：筋柱の断面
左下図　第二胃（c：第二胃の小室）	右下図　第三胃（矢印は葉、大葉）

　　　　　　　　　　　　　　　　　　（鈴木惇、1998、図3-1と同じ資料より）

れます。粘膜の盛り上がりからなる絨毛は、短鎖脂肪酸など
の吸収機能をもっています。長さは、長いもので12mmにも
達します。絨毛の形は、葉状のものが多く、円錐形、こん棒
状のものなど多様です。絨毛の発達は胃の部位により異なり、
第一胃前方が最も大きく密で、次に腹嚢部です。背嚢部や筋
柱の部分は発達が悪くなっています。無数の絨毛によって表
面積を増大させて、胃内容物との接触面を増やして短鎖脂肪
酸の吸収をスムーズに行っているのです。

　第二胃の粘膜上皮は、ヒダ状の4〜6面をもった蜂巣状
の小室を形成しています。この小室の底には尖った角状の乳
頭が多数存在します。第二胃の代謝様式は、第一胃と同じで
あるといわれています。

　第三胃の内部は、90〜130枚のさまざまな大きさの第三
胃葉で満たされています。これらの葉は、粘膜上皮表面を増
大させて吸収能を高めています。葉上には粘膜固有層乳頭と
いう小突起が見られます。第三胃の筋層の発達と固有層乳頭
内の粘液の出現は、第三胃の主なる機能である胃内容の水分
圧搾に関係していると思われます。

　第四胃は、単胃動物の胃に相当し、内部の粘膜は、単層円柱
上皮[2]で潤活性の粘液で覆われています。第四胃の胃底部に
ある胃腺には粘液を分泌する粘液細胞、塩酸を分泌する壁細
胞、ペプシンを分泌する主細胞が存在し消化を行っています。

[2] 丈が高い細胞で、並んだ多くの細胞小器官をもっており、吸収や分泌を行うのに適しています。

4 下部消化管の形態とはたらき

　ウシの下部消化管である、小腸は、第四胃から続く十二指
腸、空腸、回腸からなり、大腸は盲腸、結腸、直腸に区別さ
れます。図3-6は、乳牛の右側から見た腹腔内の消化管の
位置を示しています。腸は腹腔の右半分を占めており、腸全
体の長さは、体長の約20倍[3]です。このことにより、栄養成

[3] 乳牛の腹腔内には、長い腸が見事に収まっているのですから吃驚です。

分の少ない消化管内容物から時間をかけて栄養素を吸収する機能を担っているのです。

　小腸は長さが40m、径は5〜6cmで、十二指腸は肝臓の後面の腹側面に沿って進み肝臓の近くで空腸に移行します。空腸は長い腸管で、空腸腸間膜[1]によって吊り上げられ、結腸円盤に沿ってコイル状の屈曲を繰り返しています。回腸は比較的短く、空腸との境は不明瞭です。

　小腸は、他の哺乳類と同様にタンパク質、炭水化物や脂肪などのすべての栄養素を消化して吸収する役割を担っています。盲腸は長さが約75cm、径は約12cmで、結腸は境界をもたないまま盲腸に接しており、徐々に細くなって結腸ラセンワナ[2]をつくり、中心曲で反転して円盤結腸を形成しています。結腸の長さは約10mに達します。直腸は骨盤腔にあって後端は肛門に至ります。盲腸は、微生物発酵を行っており、消化管内容物中に残された繊維質を分解して短鎖脂肪酸を産生します。

　以上のように、ウシは、脳とともに腸でもものを考えるのではないかといわれるほど、腸は重要な機能をもち、多くのエネルギーを使い長く複雑な形をしています。

[1] 空腸は，腸間膜によって腹壁に連結されています。腸間膜小腸とも呼ばれています。

[2] 長い結腸の機能性を維持して腹腔内にうまく収めるために腸管を螺旋状にした状況をいいます。

A：第四胃
B〜E：十二指腸
B：十二指腸
C：S状ワナ
D：前十二指腸曲
E：後十二指腸曲
F：空腸と回腸
G：回腸口
H：盲腸　I：結腸
J：中心曲　K：直腸
L：膵　M：胆嚢
N：肝臓　O：膵臓

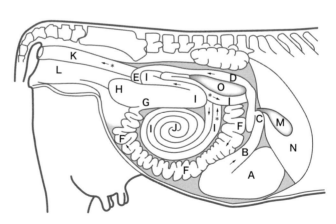

図3-6　右側から見た乳牛の消化管の位置
(鈴木惇、1998、図3-1と同じ資料より)

4 ルーメンにおける発酵と微生物

1 ルーメン発酵の特徴とルーメン微生物

　ウシのルーメンは発酵タンクの役割を担っています。発酵とは、一般に微生物が基質[3]として取り込んだ有機物を酸素を使わずに嫌気的に代謝（分解）してエネルギーを得る過程をいいます[4]。たとえば、ワイン、ビール、清酒などの製造には、微生物としては酵母などが、基質となる有機物としてはブドウ、麦類、コメなどが使われています。これらを発酵タンクに入れて嫌気的な条件で培養すると、有機物が分解されてエチルアルコールが産生されます。

　これと同じようなことがルーメンの中でも起こっているのです。摂取した繊維含量が高い草のような飼料は、ルーメン内の微生物により発酵が行われて短鎖脂肪酸が産生されます。短鎖脂肪酸は、酢酸 (C2)、プロピオン酸 (C3)、酪酸 (C4)、バレリアン酸 (C5) などからなり、VFA (Volatile Fatty Acid、揮発性脂肪酸) や低級脂肪酸とも呼ばれます。ウシにおいては、この短鎖脂肪酸が主要な栄養源となるのです。

●発酵にとって非常に重要なルーメン内の嫌気性

　ルーメン内の主なガスの組成は、二酸化炭素（炭酸ガス）65%、メタン27%であり、これらは飼料の分解により生じたものです（図4-1）。この他、窒素ガスが7%ほど含まれていますので、ルーメン内環境は嫌気的で酸素がほとんど含

[3] ふつう酵素の作用を受けて化学反応を起こす物質のことを指します。微生物はいろいろな酵素を産生していて、それらが基質に作用しています。

[4] 代謝は、生物が生体内の化学反応によって生命活動に必要な物質やエネルギーをつくり出す生化学反応の総称で、物質代謝は同化と異化に大別されます。同化には、光合成などの炭酸同化や窒素同化（窒素からアミノ酸やタンパク質を合成する反応）があり、異化には呼吸や発酵などがあります。生体内の有機物を分解してエネルギーを取り出す反応は異化反応です。

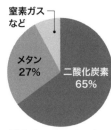

窒素ガス
など

メタン
27%

二酸化炭素
65%

図4-1　ルーメン内の
主なガス組成

まれていません。そのため、ルーメンに生息する細菌やプロトゾアのような微生物の多くは嫌気性です。

　もし、ルーメン内に酸素があると、ルーメン内で摂取した飼料の酸化分解が進行してウシが栄養素として利用できない物質になってしまいます。飼料の分解は、酸素がないおかげでウシの栄養にとって重要な短鎖脂肪酸のような分解産物の段階で停止します。ルーメン内は嫌気性であることが、ルーメンの機能上とても重要なことなのです。

●膨大な数の細菌と存在感あるプロトゾアが共存

　ルーメン内に生息する微生物は、主として細菌（バクテリア）とプロトゾア（原生動物）ですが、この他に、少数の真菌類（酵母やカビ）が生息しています。

　ルーメン内の細菌の生息数は、通常、内容物中 $1\,\mathrm{g}$ 中に100億から1000億（10^{10} から 10^{11}）個です。プロトゾアは、$1\,\mathrm{g}$ 中に10万から100万（$10^4 \sim 10^6$）個、生息しています。細菌と比較してプロトゾアの数は大幅に少なくなっています。

　しかし、プロトゾアの1個体の体積は細菌の $1,000 \sim 10,000$ 倍ですから微生物の容量（バイオマス）から見ると、

微生物による発酵の発見と発酵の利用

　今から150年以上前の1860年代、フランスの パスツール博士は、「ブドウから、なぜブドウ酒ができるのか？」ということに興味をもち、「発酵は酸素のない状況で微生物の作用で起こり発酵産物としてエチルアルコールが産生される」ことを発見し、その機構を解明しました。この研究によって、発酵には微生物が重要な役割を果たしていることが明らかになったのです。

　発酵は、産生される物質によって、アルコール発酵、乳酸発酵などと呼ばれ、さまざまな発酵食品の製造などに広く利用され、人間の食生活や食文化に大きく貢献しています。このように、微生物発酵により人間にとって有益な物質を生産することができます。それらの物質は、微生物が有機物を分解してエネルギーを得る過程で生じた副産物なのです。

細菌とプロトゾアはほぼ同じ量になります。この量的関係が、ルーメン発酵で大きな意味をもっているように思われます。

　ルーメン内で同定された細菌は60種以上に及びますが、主要な菌群は20種程度です[1]。ルーメン内真菌は、5属17種が知られています。

[1] ルーメン内細菌のほとんどが、培養が難しい嫌気性菌ですので、一部しかわかっていないのが現状です。

2　主なルーメン微生物の種類とはたらき

●多様な形状や基質の利用性をもつルーメン細菌

　ルーメン細菌はその形状から、球菌、桿菌、彎曲菌、ラセン菌などに分類できます。また、基質の利用性からセルロース分解菌、デンプン分解菌、ペクチン分解菌、水溶性糖類分解菌、中間代謝産物利用菌、脂質分解菌、乳酸利用菌などに分類でき、産生物からは酢酸産生菌、プロピオン酸産生菌、酪酸産生菌やメタン産生菌などに分類できます。

　ルーメン内の細菌は、酸素のない環境下でしか生息できない偏性嫌気性菌が大部分を占めます。他に通性嫌気性菌とごくわずかですが偏性好気性菌も存在しています（表4-1）。

●ルーメン内の場所による菌群の分布と特徴

　ルーメンの内部は不均一ですが、胃壁部、液状部、固形（マット）部、気相部の4つの部分に分けることができます。液状部と固形部に存在する細菌には、その種類や構成に差が見られます。ルーメン細菌は生息している場所から遊離型菌群、固形性飼料固着菌群、ルーメン上皮固着菌群、プロトゾア体表固着菌群に分けることができます（図4-1）。

　遊離型菌群　ルーメンの液層部分を浮遊しており、セルロース分解菌、デンプン分解菌、ヘミセルロース分解菌、水溶性糖質分解菌、中間産物利用菌および脂質分解菌などから構成されています。この液層部分には可溶性の基質を分解する微生物である遊走型の細菌やプロトゾアが存在しています。

表4-1　環境（酸素）条件による細菌の分類

嫌気性菌
酸素のない環境下で生育する細菌。とくに、酸素のない環境下でしか生育できないものは偏性嫌気性菌と呼ばれます。

通性嫌気性菌
酸素のある環境下でも酸素がない環境下でも生育可能な細菌。

微好気性菌
酸素が必要であっても、わずかの酸素でよく生育する細菌。

好気性菌
空気中または酸素のある環境下で生育する細菌。酸素がないと全く生育できないものは偏性好気性菌と呼ばれます。

液層部分はルーメンに流入してきた飼料と飲水が最初に入っ
てくる所であると同時に、ルーメン内容物が容易に第三胃以
下に流出していく所でもあります。したがって、希釈率が最
も高く、ここに生息する微生物は微生物密度を維持するため
に高い増殖率が求められます。

固形性飼料固着菌群 マット部を形成している飼料片に付
着して、ルーメン発酵において最も重要な役割を果たしてい
る菌群です。細菌および真菌が属しており、ここでは植物繊
維の分解が行われています。菌群全体の 50 〜 75％を占め、
セルロース分解菌、デンプン分解菌など各種の菌群から構成
されています。飼料に付着する菌群は、ルーメン内に長く生
存でき数量的にも優位を保つ主要な菌群です。この菌群は、
遊離型菌群と比較して飼料の分解性が高いのが特徴です。

ルーメン上皮固着菌群 ルーメン粘膜上皮に分布していて、
血管内を運ばれてきた血液中の酸素を取り除き、ルーメン内

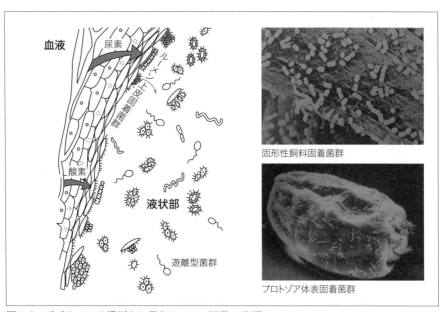

固形性飼料固着菌群

プロトゾア体表固着菌群

図4-1 生息している場所から見たルーメン細菌の分類

(Chengら、1991、一部変更、写真提供：工藤博)

の嫌気度を保つはたらきをしています。また、上皮に固着する尿素分解菌は、尿素をアンモニアに変える酵素であるウレアーゼをもっており、血液中の尿素をアンモニアに分解して尿素のルーメン粘膜からの拡散を促進します。

このようにして、これらの菌は、ウシの窒素代謝に重要な生理機能である尿素の再循環に寄与しているのです[1]。

プロトゾア体表固着菌群　プロトゾアが産生する発酵産物を利用しています。この中で、とくに注目されるのはメタン菌で、プロトゾアが産生した水素によって二酸化炭素（CO_2）を還元してメタン（CH_4）を生成します。メタン菌による水素の消費は、プロトゾアの発酵能の増強に寄与しており、メタン菌とプロトゾアの両者はウィンウィンの関係にあるのです。また、細菌は、プロトゾアの体表だけでなく体内にも生息することが明らかになっています。

このようにルーメン内では、微生物間で基質あるいは発酵産物の授受を介して一定の目的にかなうような関係をつくり、ウシの健康維持に寄与しているのです。

●ルーメン内に生息するプロトゾアの種類と特徴

ルーメンプロトゾアには、体の一部にしか繊毛をもたない貧毛類と呼ばれるものと、全身が繊毛で覆われた全毛類と呼ばれるものが存在します。そのうち代表的なものは貧毛類であるエントディニウム属で、ウシのルーメンプロトゾア全体の約9割を占めています。大きさは体長70〜90μm程度です。彼らは餌を求めてルーメン内を活発に動き回っています[2]。全毛虫はゾウリムシのような形をしています。

プロトゾア類は、倍率100倍ぐらいの光学顕微鏡で容易に見ることができます。私たちが目にする池などに生息するゾウリムシは空気中の酸素を使って生活していますが、ルーメン内のプロトゾアは酸素のないルーメン環境下で生活しルーメン発酵に大きく関わっています。

[1] ウシは、窒素代謝の最終産物で尿素を消化管に送り込んで微生物タンパク質として再び利用するという特異的な機能をもっています。このことについては、p.89で詳しく述べます。

[2] 大型のものはポリプラストロン属といわれ、大きさは130〜200μmですが、数が少なく全体の数パーセントほどで動きは活発ではありません。

3　微生物のルーメンへの定着のしかた

　ウシでは、出生後、母ウシなどとの接触により多くの種類の細菌が子ウシのルーメン内に侵入してきます。図4-2に子ウシのルーメン内の生菌数の生後日齢にともなう変動を示しました。最初、ルーメン内で急速に増加するのは連鎖球菌と大腸菌で、菌数は$10^7 \sim 10^8$個/g程度です。

　その後直ちに、これらの細菌は激減して、代わりに偏性嫌気性菌が定着し始めます。セルロース分解菌は比較的早く出現して、生後1週齢から認められ、乾草などの粗飼料をかなりの量採食できるようになる3か月齢では成牛と同じレベルになります[1]。

　ウシは、乾草などの繊維含量の高い飼料がいつルーメンに入ってきても、細菌による発酵ができるようにルーメン内の環境を整えているのです。プロトゾアは、生後2か月経ったころ母ウシの噛み戻しに含まれる胃内容物が、接触によって経口的に子ウシのルーメンに侵入して定着します。

[1] キシランやペクチンを分解する菌群も同様に変化します。メタン菌や真菌は繊維分解菌と比べるとやや遅く3週齢から定着してきます。

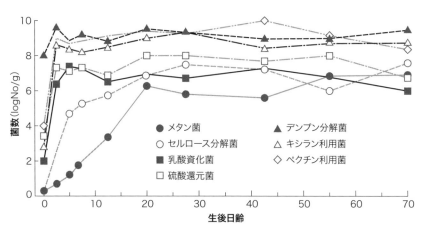

図4-2　子ウシのルーメン生菌数の生後日齢にともなう変動
[注]乳酸資化菌は、乳酸を利用して発酵産物を産生する菌で、代表的な菌として乳酸からプロピオン酸を産生する菌があげられます。

（板橋久雄、2006、Minatoら、1992より作成、『ルミノロジーの基礎と応用』より）

5 ルーメン微生物による栄養素の代謝

1 炭水化物の代謝

●飼料の繊維分を分解するいろいろな微生物

　ウシが飼料として摂取する炭水化物は、構造性と非構造性のものに分けられます。構造性の炭水化物にはセルロースとヘミセルロース[2]があり、リグニンとともに植物の細胞壁を構成しています。非構造性の炭水化物はデンプン、糖、ペクチンなどの細胞内成分からなります。

　飼料の繊維質は、セルロース、ヘミセルロース、ペクチンなどからなっており、繊維分解は細菌とプロトゾアにより行われ、真菌は難分解性の繊維を分解する特性をもっています。

　繊維分解性の細菌は、セルロース分解性、ヘミセルロース分解性、ペクチン分解性の細菌です。真菌は、各種の細胞壁分解酵素をもっており、セルロースの分解性がとくに高くなっています。プロトゾアはデンプンを最もよく分解しますが、繊維成分も分解し、セルロースよりもヘミセルロースに対する分解能が高くなっています。また、プロトゾアはデンプンをゆっくりと消化しますので、急激な発酵が抑えられpHの低下や乳酸の蓄積などルーメン内環境の急変を招かないようなはたらきをしています。

　ルーメン微生物による炭水化物の分解と発酵生成物について図5-1に示しました。

[2] ヘミセルロースは、植物細胞壁に含まれる水に対して不溶性のセルロースを除く多糖類の総称です。セルロースのように特定の分子を示すものではありません。

●構造性の炭水化物の分解と発酵生成物

セルロース 細胞壁の主成分で、微生物によって分解されて多量の短鎖脂肪酸が生成されます。まず、加水分解によりグルコース２分子からなるセロビオースに切断されます。生成したセロビオースは、微生物の細胞内に取り込まれ酵素（β-グルコシダーゼ）の作用によってグルコース（ブドウ糖）に分解されます。生成されたグルコースは微生物の酵素による発酵過程を経てピルビン酸になります。さらにピルビン酸は、ギ酸、アセチルリン酸、アセチル CoA、乳酸、オキザロ酢酸の化合物を経て酢酸（C2）、プロピオン酸（C3）、酪酸（C4）[1]という短鎖脂肪酸とメタンになります。これらの生成物はルーメン内で安定です。

実際に細菌によるセルロースの分解のようすを見ると、ルーメン内にいる細菌は、飼料として摂取した植物繊維を分解して利用するため飼料の表面に大量に付着します。そして、細菌がもつ酵素（セルラーゼ）[2]によって植物繊維のセルロースを分解し、そこで得られた物質を栄養素として利用します。

[1] 酢酸は、私たちが食べる食酢の主成分です。プロピオン酸、酪酸は酢酸より炭素数が１〜２個多いだけで構造はよく似ています（➡ p.35）。

[2] 微生物により分泌されるセルラーゼは、基質特異性が異なるさまざまな成分により構成されており、セルロースの分解はそれらの相互作用によって効率よく進むと考えられています。

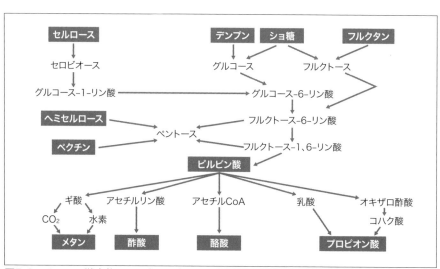

図5-1　ルーメン微生物による炭水化物の分解と発酵生成物　　　　　　　　(小原嘉昭、2021)

図5-2 は、細菌のセルラーゼによって植物繊維のセルロースを分解しているところをとらえた電子顕微鏡写真です。

ヘミセルロース　主要な成分はキシロースが結合した物質で、分解には各種の酵素が関与しており、最終的にはキシロースになります。そして、その後はセルロースと同様の発酵系路を経てピルビン酸になり、最終的には短鎖脂肪酸やメタンが生成されます。

●非構造性の炭水化物の分解と発酵生成物

ペクチン　テンサイ、カブなどの根菜類に多く含まれ、セルロースよりも容易に分解されます。ペクチンは各種の繊維分解菌やプロトゾアによって分解され、最終的には短鎖脂肪酸や乳酸になります。

デンプン　トウモロコシやムギ類などの穀類に多く含まれ、デンプンはアミロースとアミロペクチンからなり、易発酵性炭水化物[3]の主体をなしています。ルーメンでのデンプンの分解率は、穀類の種類によって異なり、大麦はトウモロコシやソルガムより消化されやすい穀類です。こうしたデンプンは、主として細菌とプロトゾアのアミラーゼによってグルコースまで分解されます。その後は、セルロースと同じ経路をたどってピルビン酸になり短鎖脂肪酸とメタンになります。

[3] デンプンや可溶性糖類は、ルーメン内で繊維質より急速に発酵されることから易発酵性炭水化物といわれています。

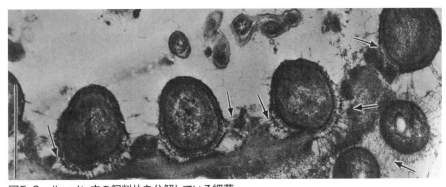

図5-2　ルーメン内の飼料片を分解している細菌
[注] 矢印は細菌のセルラーゼによってセルロースが分解されていることを示しています。左端のバーの長さは1.0μmです。
(Chenら、1991)

ショ糖、フルクタン　可溶性の糖類で、分解されフルクトース（果糖）やグルコースになり、繊維質と同じような発酵過程を経てピルビン酸になり短鎖脂肪酸やメタンになります。

　このように炭水化物からは、酢酸、プロピオン酸、酪酸など多量の短鎖脂肪酸が生成され乳成分やエネルギー源として利用されます。イソ酪酸（C4）、イソ吉草酸（C5）などの分枝鎖をもつ短鎖脂肪酸も少量生成されますが、これらはセルロース分解菌などの増殖に不可欠な酸です。

飼料中の繊維の表し方とリグニンの重要性

　飼料中に含まれる繊維（植物細胞壁の繊維性成分）の実体を知ることは、反芻家畜の飼料給与にとって非常に重要で、飼料中の繊維の測定法や表し方は、工夫が重ねられてきました。主な表し方には、粗繊維（CF）、NDFom（中性デタージェント繊維）、ADFom（酸性デタージェント繊維）、OCW（細胞壁物質、Oa〈高消化性繊維〉、Ob〈低消化性繊維〉）、ADL（酸性デタージェントリグニン）などがあります（図5-3）。現在では、NDFom が植物細胞壁の繊維のほとんど

を含み、最も一般的な反芻家畜用飼料の繊維を表す方法となっています。

　なお、リグニンは、セルロースなどと結合して植物中に存在する高分子化合物で、細胞壁に堆積して植物体を強固にしていますが、炭水化物の仲間ではなくルーメン細菌にはほとんど消化されません。しかし、構造性炭水化物とともに飼料の物理性を担っている点で重要です。その物理性によって、膨大なルーメン内を満たし粘膜を刺激し、ルーメン運動や反芻そして唾液分泌を促進しているのです。

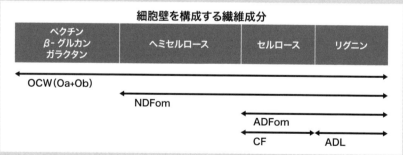

図5-3　飼料の細胞壁を構成する繊維成分とその表示法

（「日本飼養標準乳牛（2017年版）」に一部加筆）

56

◉メタン生成の重要性と温室効果ガスとしての課題

　ルーメン内における炭水化物代謝においては、その最終産物の一つとしてメタンが生成されます（図5-1）。メタンは主として二酸化炭素（炭酸ガス）と水素からメタン菌によって生成され、曖気（ゲップ）としてウシの口から排出されます。メタンの生成は、ルーメン内での水素除去のために重要で、プロトゾアや繊維分解菌の活性を高めます。

　一方で、メタンが曖気として排出されることによって、損失するエネルギーは飼料エネルギーの3～13%を占めます。また、メタンは温室効果ガスの一つで、温室効果ガスの濃度上昇は地球の温暖化に影響を及ぼしており、ウシにおけるメタン産生の抑制は世界的に重要な課題になっています[1]。

　メタン産生は、給与飼料の種類や構成により変化し、粗飼料の給与割合を低くして濃厚飼料の割合を高めることによって低下します。したがって、飼料の栄養バランスの改善が、メタン産生を抑制する基本になると考えられています。

◉貯蔵多糖類の合成とルーメン機能の維持

　ルーメン微生物は、さらにデンプンやペクチンなどの非構造性の炭水化物から貯蔵多糖類を合成します。そのほとんどはグルコースからなり、細菌によるものはグリコーゲン様物質が多く、プロトゾアによるものはアミロペクチンが多くなっています。とくにプロトゾアは貯蔵多糖類を活発に合成します。このように、微生物はタンパク質を合成するだけでなく、良質の多糖類も合成しているのです。

　一般に飼料として穀類などが多給されると、急激な発酵により短鎖脂肪酸や乳酸の生成が高まりpH低下など、ルーメン内環境が悪化します（➡ p.70）。しかし、プロトゾアによる貯蔵多糖類の合成は、急激な発酵を抑制するなどしてルーメン機能を維持するのに役立っているのです。

[1] 温室効果ガスには二酸化炭素、メタン、一酸化二窒素、フロンなどがあります。地球温暖化への影響は、二酸化炭素が76%、メタンが16%とされています。しかし、メタンの温暖化効果は、1分子当たり二酸化炭素より約25倍の高い値を示します。メタンの人為的発生源の中では水田から約16%、家畜から約23%の発生があるとされています。世界全体の動物からの放出量の推定結果によれば、主要な発生源はウシで全体の70%を占めています。

2 窒素の代謝

　ルーメン内では、飼料中のタンパク質および遊離アミノ酸、非タンパク態窒素化合物のほとんどは微生物によって分解されます。生成されたペプチド、アミノ酸はアンモニアになり、細菌により微生物タンパク質に合成されます（図5-4）。アンモニアは、細菌のみによって利用されます。プロトゾアは、アンモニアを利用できず飼料や細菌のタンパク質を取り込んでタンパク質を合成します。合成される微生物タンパク質のうち、細菌は50〜60％を占め残りがプロトゾアです。

●植物タンパク質より栄養価が高い微生物タンパク質

　微生物を構成するタンパク質は、植物タンパク質に比べ必須アミノ酸の割合が高く栄養価は高くなります。表5-1にルーメン微生物と大豆粕タンパク質のアミノ酸組成を示しました。微生物タンパク質は、大豆タンパク質と比較して必須アミノ酸であるメチオニン、リジン、トレオニン、ロイシン、イソロイシン、バリンのアミノ酸でその割合が高く栄養価が

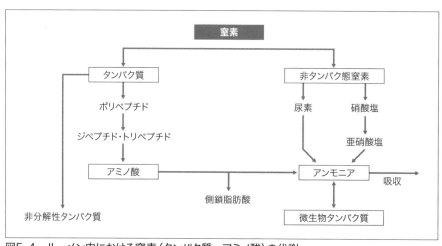

図5-4　ルーメン内における窒素（タンパク質・アミノ酸）の代謝
（板橋久雄、2006、『ルミノロジーの基礎と応用』より作成）

高い良質のタンパク質であることが示されています。プロト
ゾアには、とくにリジンが多く含まれていますが、これはプ
ロトゾアがリジンを合成する能力をもっているからです。

●非分解性タンパク質（バイパスタンパク質）とその利用

　飼料タンパク質の一部は、ルーメンでは分解されずに第三
胃より小腸に移行します。これを非分解性（バイパス）タン
パク質といいます（図5-4）。小腸で分解吸収される微生物
タンパク質とバイパスタンパク質を合わせたものは、代謝タ
ンパク質と呼ばれ体内でのタンパク質源として利用されます。

　高泌乳牛の飼料では、メチオニンやリジンが制限アミノ酸[1]
となる場合が多くなります。とくに乳タンパク質率を高める
ためには、代謝タンパク質の必須アミノ酸の中で、リジンは
15％、メチオニンは5.3％が必要です。したがって、これら
を比較的多く含みバイパス率が高い加熱大豆（粕）などの利
用が一般に行われています。また、これらのバイパスアミノ
酸製剤も開発・利用され、その添加による乳量と乳タンパク
質率の増加や窒素の排泄量の低下などが報告されています。

●注目される窒素代謝におけるプロトゾアのはたらき

　プロトゾアは、摂取したタンパク質を分解しアミノ酸やペ
プチドを体外に放出します。ここで生じた遊離アミノ酸は、
主に細菌によって速やかに分解されアンモニアになります。
そして、それをもとに細菌はタンパク質を合成します。

　また、プロトゾアは、特殊なアミノ酸から特殊な化合物を

[1] 飼料や食品を構成する必須アミノ酸の中で、必要量に対してその含有量が少ない（充足率が低い）アミノ酸のこといいます。

表5-1　ルーメン微生物タンパク質と大豆粕タンパク質のアミノ酸
　　　　組成の比較　　　　　　　　　　　　　　　　（単位；%）

アミノ酸	ルーメン微生物	大豆粕
メチオニン	2.60	1.39
リジン	7.90	6.14
トレオニン	5.80	3.96
ロイシン	8.10	7.70
イソロイシン	5.70	4.58
バリン	6.20	4.85

生成します。たとえば、リジンからピペコリン酸を生成します。ピペコリン酸は、脳の安定化に関与する神経伝達物質ギャバ（GABA、γ－アミノ酪酸）の脳内放出を促進し、乳牛を精神的に安定させ鎮静な状態に保って乳生産によい影響を与えていると考えられています。

3 脂質の代謝

● 飼料に含まれる脂質の種類と特徴

　乳牛の飼料には、ふつう脂質が2〜5%含まれており、これは構造脂質と貯蔵脂質からなっています[1]。構造脂質は、葉の表面のロウや細胞膜の糖脂質やリン脂質として存在します。貯蔵脂質は、主に種実に含まれ、その多くは中性脂肪です。脂質の大部分は、ルーメン微生物により分解されますが、ロウは分解されません。

　飼料中の脂質は、ルーメン微生物のもつ酵素（リパーゼ）により加水分解[2]され、産生された不飽和脂肪酸は水素添加[3]され飽和脂肪酸に変換されます。不飽和脂肪酸が多いと、疎水性の被膜が飼料の表面を覆い微生物が飼料に付着できなくなるため、ルーメン発酵が阻害されます。そのため、飼料中の脂質の割合は5%以下にする必要があります。

● 脂質の分解・吸収とルーメン微生物による利用

　脂質は、ルーメン微生物による加水分解の後、長鎖脂肪酸、グリセロール（グリセリン）、ガラクトースに変化します。産生された長鎖脂肪酸は、ルーメン粘膜からは吸収されずに下部消化管に運ばれ小腸で吸収されます。また、グリセロールからは、プロピオン酸や酪酸が生成されます。

　分解された脂質成分の一部は、ルーメン微生物に取り込まれ細胞膜や体成分の構成素材になります[4]。細菌の脂質は約30%のリン脂質を含み、プロトゾアの脂質は細菌よりも多

[1] ふつうの乳牛の給与飼料では、脂質の43%は脂肪酸、8%はガラクトース（糖脂質の一部を形成する単糖、→ p.34）、4%はクロロフィル、17%はロウとなっています。飼料中の脂肪酸には、オレイン酸、リノール酸、リノレン酸のような不飽和脂肪酸（→ p.35）が多く含まれています。

[2] 化合物が水と反応することによって起こる分解反応のことで、水解とも呼ばれます。生体内の加水分解反応では、その多くは酵素などの触媒を必要とします。

[3] 水素添加は、微生物に有害な代謝性の水素を除去して、嫌気的環境で生息している微生物の増殖を高めます。

[4] 脂質の脂肪酸では、パルミチン酸（C16）やステアリン酸（C18）などの飽和脂肪酸が多く、さらにC15やC17の奇数炭素や分枝脂肪酸を含み、これらはミルクの脂肪酸になります。

くのリン脂質を含んでいます。

　ルーメン微生物が合成する脂質は、乳牛では1日に140g
にもなります。水素添加では各種の脂肪酸の異性体[5]も生じ
ますが、これらは牛乳の重要な香気成分になっています。

[5] 同じ分子式で表されな
がら性質の異なる化合物の
ことで、共役リノール酸（健
康の維持増進に関する生理
活性作用があるとされま
す）もリノール酸の異性体
です。

4 ビタミンの合成

●ルーメン微生物がつくり出すビタミンとその利用

　乳牛のルーメン微生物がもつ大きな能力の一つに、ビタミ
ンの合成があげられます。反芻動物であるウシでは、ルーメ
ン内の細菌（バクテリア）によって、すべてのビタミンB群
を含むビタミンB複合体が合成されます。これらのビタミン
は水溶性です。ビタミンBは、動物体内では酵素の作用を助
ける補助的物質（補酵素といわれます）として重要です。酵
素と補酵素は、炭水化物、タンパク質、脂質などほとんどの
栄養素の物質代謝に関わっています。

　最近では、乳生産性を高めるために乳牛の飼料に易発酵性
の炭水化物を多量に給与するようになり、ルーメン微生物が
つくり出すビタミンBだけでは足りなくなることが指摘され
ています。しかし、草など繊維質の多い粗飼料を十分に食べ
させていれば、そのような心配はいりません。

　ビタミンCは、骨や腱などの結合タンパク質であるコラー
ゲンの生成に必須の化合物です。ウシは、必要とするビタミ
ンCは体内で合成できるため欠乏症の心配はありません。

●合成されないビタミンA、D、Eは注意が必要

　しかし、脂溶性のビタミンであるビタミンA、D、Eは、
ウシの体内でもルーメン内でも合成されません。この点、ウ
シを飼育する場合に注意が必要です。

　ビタミンA　最初からビタミンAの形をしているレチノー
ルと、体内でビタミンAに代わるβ-カロテンがあります。

乳牛は、ビタミンAの基質としてカロチノイドを利用できます。カロチノイドは、主として小腸壁でビタミンAに変換し乳腺上皮細胞や乳管の粘膜を保護し免疫力を増加させます。体内でレチノールに変換されるβ-カロテンには、抗酸化作用があり老化を防いでいます。

ビタミンD　骨形成に不可欠なビタミンで、その最大のはたらきは、CaやPの吸収を補助して骨の形成や維持を助けることです[1]。皮膚にはビタミンDのもとになるプロビタミンD₃があるため、ビタミンDの多くは日光の紫外線にあたることで生成され体内で利用されます。

ビタミンE　乳腺組織の細胞を過酸化物や過酸化脂質から保護し細胞の破壊や細胞の剥離を防ぎます。ビタミンEは、生体組織の細胞膜やミトコンドリア、リソゾームなどの細胞顆粒の膜成分である不飽和脂肪酸の酸化を防止する抗酸化機能をもっており、膜の保護作用があります[2]。

ビタミンKは、ルーメン微生物によって合成されますので成牛では問題ありませんが、ルーメンが発達していない哺乳子ウシでは注意が必要です。

[1] 体重600kgの妊娠している泌乳牛で1日1頭当たりの要求量は6000IUとされています。

[2] ウシでは、ビタミンE欠乏によって子ウシの骨格筋、心筋、横隔膜が白色化して運動障害を起こす白筋症が報告されています。乳牛のビタミンEの要求量は、1日170〜400mgとされています。

動物の体内でビタミンをつくり出すルーメン微生物

ビタミンは、生物が正常な生理機能を営むために微量ではあるが不可欠な有機化合物の総称で、動物は、植物や微生物のように自分の体内でビタミンをつくることは、ほとんどできません。そのため、動物は食物から直接あるいは間接的にビタミンを摂取する必要があります。

アフリカの原野では、野生の肉食動物（彼らは私たちと同じ単胃動物です）が狩りをして得た野生の反芻動物を食する際、肉を食べる前に真っ先に胃内容物を食べるといわれています。肉食動物が生体内で不足しているビタミンB群を、草食動物の消化管の内容物から摂取するのです。これは、まさに自然の摂理といえる行動なのです。そうした点で、ルーメンをもつ反芻動物であるウシは、体内のルーメン微生物がつくり出したビタミンも利用することができるというすぐれた能力をもっているのです。

6 ルーメンの機能と代謝機能の発達

1 ウシの胃とルーメンの発達

　ウシは、生後数週間はルーメンが発達しておらず、胃のかなり部分を第四胃が占めています。子ウシが哺乳した乳は、第二胃溝反射によりルーメンには入らずに、第二・三胃口を介して第三胃以降に運ばれます（➡ p.43）。そして、私たちヒトの胃と同じ機能をもつ第四胃から分泌される塩酸によって乳は消化されます。

　ウシは4〜6週齢でルーメンが大きく成長し始め草などの粗飼料を摂取するようになると、摂取した飼料はルーメンに入ります。そして、ルーメン内に定着している微生物の発酵作用により短鎖脂肪酸を産生するようになり、反芻動物特有の栄養摂取機能を獲得していくのです。

●子ウシの胃・ルーメンの発達と離乳時期

　子ウシの加齢にともなう胃の発達について図6-1に示しました。第一胃から第四胃までの胃全体の容積中に占める

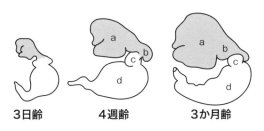

3日齢　　4週齢　　3か月齢

図6-1 子ウシの加齢にともなう胃の発達

a：第一胃　b：第二胃
c：第三胃　d：第四胃
灰色はルーメン
（第一胃＋第二胃、反芻胃）
（Nickelら、1979）

ルーメン（第一胃＋第二胃）の割合は、生後3日齢では20％にすぎませんが、週齢が進むにつれてその割合は増加して4週齢で40％、3か月齢で60％に達し、成牛では80％を占めるようになります。

　子ウシの加齢にともなう胃の組織重量の変化を図6-2に示しました。ウシの体重当たりの胃の組織重量は、生後間もないころはルーメン（反芻胃）の割合は4％にすぎませんが、その後、週齢にともなって増加します。体重当たりのルーメンの重量の増加割合が最も著しいのは6週齢頃です。

　つまり、この時期が反芻動物としてのルーメン機能を発達させる起点となる時期と考えられます。したがって、この時期が離乳させるのに最もよい時期と考えられています。その後も徐々に増えていき18週齢では体重の30％を占めるようになります。第三胃は、週齢が進むにつれて徐々に増加していきますが、ルーメンほどではありません。週齢にともなう第四胃の体重当たりの組織重量は、ほとんど変化しません。

●草などの刺激によって発達するルーメンの絨毛

　ウシにおいて、生後間もない頃のルーメン粘膜の表面は絨毛の発達は見られず滑らかです。週齢が進むにつれてルーメンが発達して、ルーメン粘膜は分化能を高めてルーメンの表

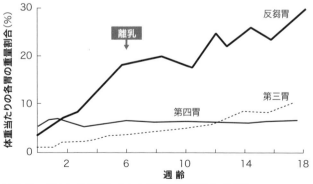

図6-2　子ウシの加齢にともなう胃の重量割合の変化

(Nockelら、1979)

面に無数の絨毛が出現してきます。絨毛は短鎖脂肪酸の吸収を効果的に行うためにルーメンの表面積を増大させます。

　玉手博士ら (1962) は、哺乳子ウシを用いてルーメンの発達機構を明らかにする研究を行っています。子ウシのルーメンの発達は、草など粗剛な物質がルーメンの粘膜と筋層に接触する物理的な刺激によります。また、ミルクだけで飼育している子ウシのルーメン内に短鎖脂肪酸を投与して飼育する実験を行い、短鎖脂肪酸、とくに酪酸による化学的な刺激によってルーメンの発達が起こることを明らかにしています。

2 成長にともなう代謝機能の獲得

●離乳にともない発達する代謝機能とルーメン粘膜

　ウシでは、血液中の酢酸濃度は、ルーメン内での微生物発酵による短鎖脂肪酸の産生の指標になります。また、ルーメン粘膜において酪酸から β-ヒドロキシ酪酸が生成されることから、血液中の β-ヒドロキシ酪酸濃度は、ルーメン粘膜の発達の指標となります。

　哺乳子ウシの成長にともなう血液中の酢酸と β-ヒドロキシ酪酸濃度の変化について図6-3 に示しました。ここに見られる酢酸濃度の増加[1]からは、ルーメン内での短鎖脂肪酸

[1] 離乳前の 0.05mmol/L から、離乳後の 9 週齢以降で 0.4 ～ 0.6mmol/L と著しく増大し成牛のレベルに近づきました。

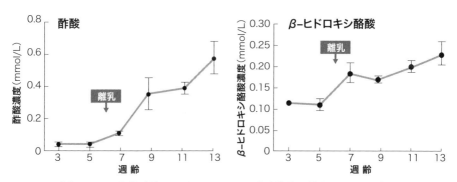

図6-3　哺乳子ウシの血漿酢酸および β-ヒドロキシ酪酸濃度の離乳にともなう変動

（小原嘉昭、2006、『ルミノロジーの基礎と応用』より）

1 β-ヒドロキシ酪酸は、離乳前0.12mmol/L から離乳後の7週齢で0.20mmol/L へと増加しました(図6-3)。ケトン体とは、主として脂肪酸の分解によってルーメンと肝臓でつくられ血液中に放出されるアセト酢酸、β-ヒドロキシ酪酸、アセトンの総称です。体内にケトン体が過剰に蓄積する状態をケトーシス(➡ p.128)といいます。

2 グルコースの再循環量とは、体内のグルコースが一度乳酸のような物質に変化して再びグルコースのプールに戻ってくる量を示します。また、尿素の再循環量は、体内で一度消化管に移動した尿素が再び血液中に戻ってくる量を示します。

3 6週齢で離乳した子ウシの血漿グルコース濃度は、離乳前の3週齢では80mg/dL で、離乳後24週齢では40mg/dL に低下しました。生体のグルコースの体重kg当たりの代謝量は、3週齢における17mg/分から13週齢と24週齢で8.5mg/分と半分ほどに低下しました。グルコースの代謝量の動態は、血液のグルコース濃度の動きと同様でした(図6-4)。

の発酵が活発になり、離乳後、着実にルーメン発酵が盛んになっていることがうかがわれます。

また、血液中の β-ヒドロキシ酪酸の濃度の増加からは、離乳によってルーメン粘膜の機能が発達してケトン体の生成能が増加していることがうかがわれます**1**。

●発達によるグルコース代謝や窒素代謝の変化

乳牛においてルーメン機能の発達にともなって、グルコース代謝や窒素代謝が大きく変化することが想定されます。私たちは哺乳子ウシを用いて、離乳前の3週齢、6週齢で離乳させた後の13週齢、ルーメン機能が成牛レベルに到達していると考えられる24週齢の3つの週齢の時点において、生体でのグルコースと尿素の時間当たりの代謝量と再循環量**2**を比較しました。

図6-4に子ウシの発育にともなうグルコースと尿素の代謝量の推移について示しました。このグルコースの再循環量の変動**3**から、離乳によりルーメンが発達してきてエネルギー源がグルコース主体から短鎖脂肪酸である酢酸へと変化していることが推測されます。また、乳酸などからグルコースとして再利用される再循環量は、離乳前の3週齢と比較して13週齢で著しく低下し、24週齢ではほとんどなくなり

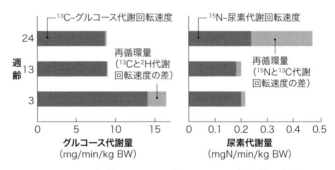

図6-4　子ウシの加齢にともなうグルコースと尿素代謝の変動

[注] 棒グラフはグルコースと尿素の代謝量を表し、その内の■■部分は再循環量を示しています。単位のmg/min/kg BWは体重kg当たり1分間の代謝量を表します。

(小原嘉昭、2006、図6-3と同じ資料より)

ました。離乳前では、乳酸などからグルコースに合成される
グルコースの再循環が盛んであることがうかがわれました。

　尿素の再循環量の変動[4]からは、ルーメンを中心とした消
化管機能が発達している 24 週齢では、尿素の消化管への再
循環が活発になっていることがうかがわれました。このこと
は、ウシの消化管機能は、24 週齢の時点で成牛のレベルに
近いところまで発達していることをうかがわせます。また、
乳牛は窒素を効率的に利用するために尿素再循環の機能をは
たらかせていることがうかがわれました。

[4] 血漿の尿素濃度は離乳
前の 3 週齢では 3.9mg N/
dL で、24 週齢では 7.8mg
N/dL に増加しました。尿
素の体重 kg 当たりの代謝
量は 3 週齢の 0.22mgN/
分と比較して 24 週齢では
0.47mg N/ 分と倍以上に
増加しました。この増加は、
尿素の消化管への移行によ
る再循環量によるものでし
た。

3　唾液の分泌機能の発達と変化

　ウシの唾液は生まれて間もない頃は、私たちヒトの唾液と
同様に食塩が主成分です。しかし、その後ルーメンの機能が
発達してくると緩衝能が高い炭酸水素ナトリウム（重炭酸
ソーダ）が主体の唾液に変化します。子ウシの耳下腺唾液の
陽イオンである Na^+ や K^+ は、週齢にともなう変化は見られ
ず一定の値を維持しています。

　しかし、陰イオンである HCO_3^- や Cl^- には、週齢にともなっ
てドラマチックな変化が起こり（図 6-5）、緩衝能の高いア
ルカリ性の唾液へと変化します[5]。

　また、唾液の分泌量は 2 週齢で体重 1 kg 当たり 6mL/ 時間
から、離乳により 13 週齢では 27mL/ 時間へと大きく増加
します。

　成牛の唾液の HCO_3^- 濃度の上昇には、耳下腺組織の炭酸
脱水酵素が重要な役割を担っていることはすでに述べました。
ここでは、哺乳子ウシの週齢にともなう耳下腺組織中の炭酸
脱水酵素活性の変化について紹介します。酵素活性は、離乳
後徐々に増加して 13 週齢でほぼ成牛のレベルに達しました
（図 6-5）。唾液の HCO_3^- 濃度と pH の変化は、耳下腺組織

[5] 生後間もないころは、
唾液中の Cl^- 濃度は 80m
当量 /L、HCO_3^- 濃 度 は
40m 当 量 /L で、pH も
7.6 で緩衝能の弱い唾液で
す。哺乳子ウシを 6 週齢で
離乳させると HCO_3^- 濃度
が増加し、Cl^- 濃度が低下
して 7 週齢で逆転します。
そして 18 週齢で Cl^- 濃度
は 10m 当 量 /L、HCO_3^-
濃 度 は 150m 当 量 /L、
pH は 8.2 と緩衝能の高い
アルカリ性の唾液へと大き
く変化します（図 6-5）。

中の炭酸脱水酵素活性の変化と平衡していました。

　このことから、緩衝能が高いアルカリ性の唾液の生成には、耳下腺組織の炭酸脱水酵素が重要な役割を果たしていることがうかがわれました。

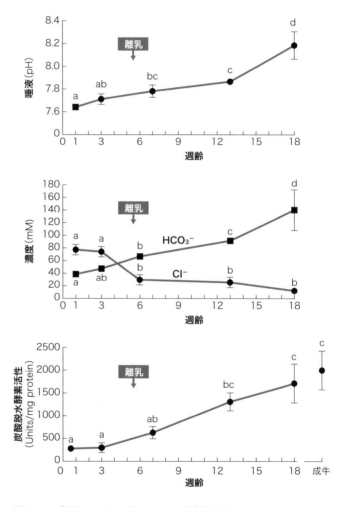

図6-5　成長にともなう子ウシの耳下腺唾液中のpH、Cl^-およびHCO_3^-濃度の変化と耳下腺組織中の炭酸脱水酵素活性の変化
a,b,c,d：異なるアルファベットは有意差があることを示します。
（小原嘉昭、2006、図6-3と同じ資料より）

7 ルーメン発酵と乳生産

1 摂取する飼料とルーメン発酵の関係

　乳牛におけるルーメン内の発酵パターンは、図7-1に示すように摂取する飼料の種類、とくに粗飼料と濃厚飼料の比率や給与飼料中の粗繊維含量などによって変化します。

　飼料の乾物中の粗繊維含量が20%以上の場合は、酢酸の

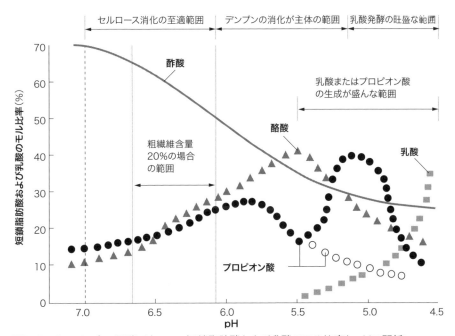

図7-1　ルーメン内の発酵パターン、短鎖脂肪酸および乳酸のモル比率とpHの関係

（ Kaufmann ら、1980を改変作図）

比率は 60 ～ 70%、プロピオン酸の比率は 20%、酪酸の比率は 10% 程度となり、ルーメンの pH は 6 ～ 7 程度を示します。pH6.2 以上がセルロース消化の至適範囲であり、繊維分解菌が活発にはたらいています。

●飼料給与によるルーメン内 pH の変化と発酵

短鎖脂肪酸の生成パターンは、飼料組成に依存しており粗飼料含量と酢酸は正の相関、プロピオン酸とは負の相関があります。酢酸とプロピオン酸の比率は摂取する飼料組成にともなうルーメン発酵の状況を表す指標となります。

濃厚飼料の割合が増えて、pH が 6 以下になると、酢酸、プロピオン酸、酪酸の比率は、ほぼ 1:1:1 に近づきます。この時、デンプン消化を担う細菌が増えてきてデンプンの消化が活発になります。

pH が 5.5 以下になると、乳酸産生菌が増えてきて乳酸濃度が増加し始めます。pH が 5.0 以上までは、乳酸利用菌のはたらきで乳酸をプロピオン酸に変換することができます。

図7-2　ルーメン内のpHや発酵に大きな影響を及ぼす乳牛の飼料給与

しかし、pHが5.0以下になると乳酸産生菌の勢いが増してきて乳酸濃度が高くなり乳酸アシドーシス（➡ p.128）が進行します。したがってpHを5以下にしないようにする工夫が飼料給与の面から必要です。

●ルーメン発酵の日内変動と恒常性の保持

　ルーメン発酵は、飼料給与に依存して日内変動を繰り返しています。たとえば、飼料を1日に2回給与すると、飼料給与直後から短鎖脂肪酸の発酵が盛んになり、数時間後にルーメン内の総短鎖脂肪酸濃度は最高値に達します。その後、総短鎖脂肪酸濃度は徐々に低下して採食前の値に戻る、という採食による日内変動を繰り返します。

　酢酸、プロピオン酸、酪酸などの濃度も、総短鎖脂肪酸濃度と同様の変化を繰り返します。

　ルーメンpHは、採食前の最高値7.0から採食後徐々に低下して採食後数時間でpHが6.0以下に低下します。その後、徐々に採食前の値に回復していきます。

　このように乳牛のルーメン発酵は、飼料給与にともなってその範囲を逸脱しないようにルーメン内の恒常性を保ち、さらに生体の恒常性を維持しているのです。

●給与回数によるルーメン発酵の変化―回数増で安定―

　1日当たりの濃厚飼料の給与回数を変えた場合のルーメン内における発酵性炭水化物量と微生物窒素合成量を観察した興味深いデータが報告されています。

　乾物中のタンパク質含量を11.8％にして濃厚飼料の給与回数を2回と6回でルーメン内の微生物発酵の状況を比較しています。1日の給与回数2回と6回で、ルーメンで発酵される炭水化物の量は3.8kg／日と3.6kg／日とほとんど差がありません。しかし、産生される1日当たりの微生物態窒素量は、2回給与の84gから6回給与では187gと2倍以上に増加しました。1日の濃厚飼料の給与回数を2回から6

回にすると、ルーメン発酵が安定します。この時、微生物の活性が高まり微生物の容量が大きく増加するのです。

　このように濃厚飼料の給与回数を増やしてやることで、ルーメン内のpHや短鎖脂肪酸濃度などの変動幅が小さくなりルーメン内の恒常性が維持されます。その結果、微生物の産生が増え微生物タンパク質が増加したと考えられます。

2　良質な乳生産のためのルーメン発酵

　ウシを家畜として利用する最大の利点は、地球上に豊富にある人間が利用できない植物繊維資源を利用できることです。ウシのルーメン微生物の繊維分解能を高める技術の開発は、ウシを用いる酪農において重要な課題です。酪農の発展のためには、ルーメンpHを安定的に維持してやり、ルーメン微生物の構成を正常に保って、抗酸化活性を高めるなどルーメン環境を適正に維持してやることが、健康な乳牛から良質な牛乳を生産するための必須の課題となります。

●乳脂肪の低下を招くルーメンpHの低下とその対策

　ルーメンpHの低下は繊維分解菌やプロトゾアを減少させ、繊維の消化に影響して、乳成分とくに乳脂率を低下させます。それを防ぐためには、一定割合の粗飼料の給与が必要です。それでも低下する場合には、重炭酸ナトリウムや酸化マグネシウムなどの緩衝剤を利用する必要があります。適切なルーメンpHの維持は、ルーメン機能を高めるために最も重要なことです。

　最近、pHセンサをルーメン内に挿入して継続的にルーメン内のpHを観察できる技術が開発されました（➡ p.81）。これによりルーメン内pHの変動からのルーメン発酵の状況をいち早く察知し、飼養形態を変えることによりルーメン内のpHを安定化させる試みがなされています。この技術によ

り乳牛の健全性が維持され、乳生産を高めることが期待されています。

●ルーメン微生物の構成を維持して抗酸化活性を高める

　酪農の現場では牛乳の異常風味などが問題になっています。この原因はさまざまですが、その一つに乳の抗酸化活性の低下やヘキサナール[1]の生成があげられます。

　牛乳の風味には、ルーメン液の抗酸化活性が影響しています。ルーメン液の抗酸化活性には、プロトゾアが大きく関係しており、ルーメンからプロトゾアを除去すると、ルーメン液と血液の抗酸化活性は低下します。正常なルーメン微生物の構成を維持してやって、乳牛の抗酸化活性を高めることが良質牛乳の生産のために重要なのです。

●ルーメン微生物の機能を高めて植物繊維の消化促進

　乳牛は大量の粗飼料を摂取し、これより多量の短鎖脂肪酸や微生物細胞がつくられそれを栄養素として乳成分が合成されます。しかし、繊維の消化率は$60 \sim 65\%$で高くはなく、残りは糞として排泄されています。そのため、ルーメン微生物による繊維消化の促進が近年注目されています[2]。現在、繊維成分の消化促進としては、セルラーゼなどの数種の酵素、

[1] 脂肪酸の酸化によって生じる有機化合物で、ダイズや草などの青臭さの原因物質とされています。

[2] これまで、繊維分解に係る細菌の遺伝子を取り出して増やすクローニングが試みられていますが、実用化には至っていません。

表7-1　ルーメン発酵と消化率に及ぼすセロビオースと酵母発酵培養物の影響（in vitro実験）

	セロビオース+酵母発酵培養物（mg）		
	0	60+40	
pH	5.9	5.8	nd
アンモニア-N（mg/dL）	16.5	13.4	*
Total短鎖脂肪酸（mM）	66.3	74.9	*
酢酸（mol%）	57.6	55.8	*
プロピオン酸（mol%）	25.5	28.1	*
酪酸（mol%）	12.7	13.6	*
DM消失率（%）	45.2	50.7	*
セルロース分解菌数（x10^6/mL）	4.7	6.8	*

[注]　基質として乾草+濃厚飼料（1.5：1）を添加して6時間培養（DM消失率は24時間培養）。*p<0.05
(Lilaら、2006)

酵母発酵培養物、セロオリゴ糖（セロビオース）など各種の添加物の利用が期待されています[1]。

　今後は、酪農の現場で、これらを有効に利用し、ルーメン微生物の機能を高めて乳生産を行うことが重要と思われます。

　ウシなどの反芻動物の最大の利点は、地球上で最も豊富な有機資源である植物繊維を消化でき、栄養素として利用できることです。このため、ルーメン微生物の機能を最大限発揮できる飼養形態の開発が期待されています。

[1] 表7-1 に示すように、セロビオースと酵母発酵培養物の添加により短鎖脂肪酸とプロピオン酸生成の効果は高まり、繊維分解菌の数が増加して繊維の消失率が高まることが報告されています。

3　短鎖脂肪酸の重要性と機能性

◎短鎖脂肪酸は 60 〜 70％を賄う主要なエネルギー

　これまでも見てきたように反芻動物である乳牛は、ルーメンという膨大な反芻胃をもっており、この中に無数の微生物を生息させています。ルーメンでは微生物による発酵により短鎖脂肪酸が産生されます。乳牛は、この短鎖脂肪酸という

短鎖脂肪酸は主要なエネルギー源であることを明らかにした実験

　この実験では、ウシに1日当たり飼料として乾燥豆腐、乾燥魚肉、コーンフレークを 10,000 カロリー給与しました。さらに、酢酸、プロピオン酸、酪酸の比率が 1:1:1 の短鎖脂肪酸溶液を1日当たり 17,000 カロリーをルーメンフィステルを介して点滴注入しました。ルーメンフィステルとは、ルーメン内に試験溶液を注入したり、内容物を採取したりするためにルーメンに外科手術により装着させた導管のことです。

　このような飼養条件でウシを飼育する

ことにより、体重を維持し健康な状態を保つことができました。この実験結果から、ウシは1日当たりの全摂取エネルギー 27,000 カロリーのうちの 17,000 ／（10,000 ＋ 17,000）＝ 63％を短鎖脂肪酸で賄えることを証明したのです。

　また、同様の実験手法を用いて、泌乳牛に乳生産のエネルギー要求量を短鎖脂肪酸で賄ってやれば乳生産を正常に続けることができることも実験的に証明されています。

発酵産物を栄養源として体を維持し牛乳の生産を可能にしています。

　ウシはこの短鎖脂肪酸を利用して体のエネルギー要求量の60〜70％を賄っていることが人工栄養試験から明らかになっています。

●重要な生理機能「糖新生」を支える短鎖脂肪酸

　ウシなどの反芻動物は、粗飼料を主体とした通常の飼養条件下では、摂取した炭水化物はルーメン微生物によって、そのほとんどが短鎖脂肪酸になってしまいグルコースとしての吸収量はごくわずかにすぎません。しかし、ウシの血液中のグルコース濃度は、50〜60mg/dLとほぼ一定に保たれており、種々の臓器組織で利用されています。ウシといえども、グルコースは重要なエネルギー源なのです。

　ウシは、必要なグルコースを糖以外の物質から生成する「糖新生」という生理機能によって体内で必要なグルコースを賄っています。糖新生は、反芻動物が草などの粗飼料主体の飼料摂取形態において生命を維持していくのになくてはならない重要な生理機能なのです。

　一体、ウシの体内で利用されるグルコースはどういう栄養素から合成されるのでしょうか。ウシは、ルーメン内で産生されたプロピオン酸や微生物タンパク質の分解により生じたアミノ酸を消化管から吸収して糖新生によりグルコースを産生します。その他には、体脂肪の分解により生じたグリセロール、筋肉のグリコーゲンの分解により生じた乳酸、組織タンパク質の分解により生じたアミノ酸からも糖新生によってグルコースを産生します[2]。

　粗飼料と濃厚飼料による通常の飼養形態においては、ウシにおける糖新生によるグルコース量の割合は、プロピオン酸から50〜60％、アミノ酸から20〜30％、乳酸から5〜10％、グリセロールから2〜5％となっています。もちろん、

[2] 糖新生を行う臓器組織は、肝臓と副腎皮質で、肝臓において90％、副腎皮質において10％のグルコースが産生されます。

飼料摂取形態が変われば、多少の変化が見られます。

　とくに泌乳中、乳腺において乳糖を生成するために多量の
グルコースが必要となり糖新生が盛んになります。そのため、
乳牛において糖新生は非常に重要な生理機能なのです。

◉成牛の炭水化物代謝でとくに重要な短鎖脂肪酸

　短鎖脂肪酸は、とくに成牛の代謝において重要です。哺乳
子ウシと成牛における炭水化物代謝の違いを図7-3に模式
的に示しました。哺乳子ウシでは、主な炭水化物としてのエ
ネルギー源はヒトと同じグルコースです。

　哺乳子ウシでは、ルーメンが発達していないため、摂取し
た乳はルーメンを通過して下部消化管に流れていきます。乳
の乳糖は分解されてグルコースとガラクトースになり、腸管
から吸収されて体内の各組織に送られてエネルギー源として
利用されます。

　成牛では、ルーメンが発達しており摂取した炭水化物から
ルーメン微生物の発酵により短鎖脂肪酸を産生します。産生
された酢酸（C2）は、体内で主要なエネルギー源として利

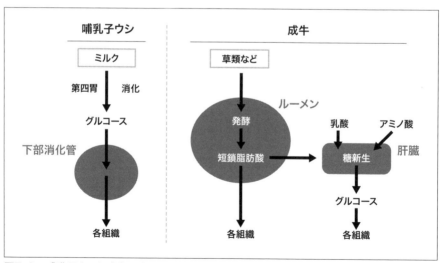

図7-3　哺乳子ウシと成牛の炭水化物代謝の違い(模式図)　　　　　(小原嘉昭、2021)

用されます。また、プロピオン酸（C3）やアミノ酸は、糖新生によりグルコースに変換されて体内で利用されます。ルーメン機能が発達している成牛では、酢酸とグルコースの両方が同じくらい重要なエネルギー源となっています。

成牛においては、血中酢酸濃度は6mg/dLと低く、グルコース濃度の60mg/dLの10分の1程度しかありません。したがって、体内にある酢酸の総量もグルコースの10分の1程度ということになります。しかし、ウシの体内で利用されるグルコースの量と酢酸の量は同じくらいなのです。たとえていうと、酢酸はグルコースに比べて10分の1の細い管を10倍のスピードで通り抜けていることになります。このようにしてウシの体内では、酢酸とグルコースがほぼ同じ量、代謝されているのです。

乳牛は反芻動物の代謝の特徴である酢酸を、体を維持するエネルギー源として使います。そして、グルコースは乳腺で乳糖合成のために優先的に使い多量の乳を合成しているのです。このことについては、後で詳しく述べます（➡ p.102）。

◉短鎖脂肪酸は機能性物質としても重要

短鎖脂肪酸は、ウシにとってエネルギー源として重要であるばかりでなく、生理的な機能性物質としても重要な役割を果たしています。

短鎖脂肪酸は、ルーメン粘膜や絨毛の発育を促進します（➡ p.65）。とくに酪酸（C4）は、その効果が最も強い脂肪酸です。また、短鎖脂肪酸は、ルーメン粘膜の炭酸脱水酵素の活性を高めて、短鎖脂肪酸と炭酸イオンの交換体を活性化して短鎖脂肪酸の吸収能を高める作用があります。

酢酸は、肝細胞での脂質代謝を活性化して脂質合成を減少させて肝臓での脂肪蓄積を抑制することが報告されています。このことから、酢酸が脂肪肝を抑制する効果があることが推測されます。

短鎖脂肪酸は、反芻動物の主要な唾液である耳下腺唾液分泌に作用します。酢酸は、血液を介して耳下腺に直接作用して唾液分泌を高めます。逆に、酪酸はルーメン粘膜の神経終末にはたらいて、迷走神経を介して唾液の分泌を抑制します。短鎖脂肪酸の種類によって、生理反応が全く逆になっているのは興味深い反応です。

膵液の分泌も、短鎖脂肪酸により影響を受けます。膵液の分泌量の指標となるアミラーゼの分泌量は、短鎖脂肪酸の炭素数に依存して増加します。この現象は、反芻動物だけでなく単胃動物でも見られる現象です。膵臓に短鎖脂肪酸の受容体が存在する可能性が指摘されています。

内分泌機能においては、短鎖脂肪酸は膵臓のランゲルハンス島[1]からのインスリン分泌を刺激します。逆に、短鎖脂肪酸は成長ホルモンや副腎皮質刺激ホルモンなどの下垂体前葉ホルモンの分泌を抑制します。インスリンは、脂肪細胞や他の多くの細胞でエネルギー蓄積を促進します。また、成長ホルモンや副腎皮質刺激ホルモンは、脂肪を分解する作用を示します。したがって、短鎖脂肪酸はエネルギーを使って細胞を増加させる方向に代謝をシフトするはたらきがあります。

このように短鎖脂肪酸は、ウシの体内でさまざまな生理的な機能性を発揮しています。

[1] 多くの脊椎動物の膵臓内に島状に散在する内分泌腺組織で、膵島ともいいます。ドイツの医学者ランゲルハンスによって発見されました。

抗ガン作用、抗カビ作用などをもつ酪酸

短鎖脂肪酸の一つである酪酸（C4:0）は、種々のガンの株細胞の増殖を抑制します。また、大腸内の短鎖脂肪酸の濃度と大腸ガンの産生に関連性があることが指摘されています。酪酸は抗バクテリア作用、抗カビ作用などの微生物増殖抑制作用をもっています。

そのため、EU諸国を中心にして、酪酸が抗生物質に変わる飼料添加物としてウシ、ブタなどの家畜やイヌやネコなどのペット動物に利用されています。

8 乳牛の健康とルーメンの恒常性

1 ルーメンの恒常性を支える要因

　動物が生体の内部環境を一定に維持する恒常性（ホメオスタシス）[2]という生理作用は、生命を維持するための基本です。

　乳牛は、図8-1に示すようにルーメン内の微生物の発酵と動物の生理機能の共生のもとにルーメン内の恒常性を維持しています。この生理現象が乳牛の体内の恒常性の維持につながっているのです。乳牛において、ルーメン内の恒常性を維持して、ウシを健康に飼育して乳生産を向上させることは酪農を行う上で重要です。

　ルーメン内には体外から飼料、飲水、飼料に付着した微生

[2] 恒常性は、生物が生体の内部や外部の環境因子の変化にかかわらず生体の状態を一定に保つ性質のことをいいます。生物が生物である要件の一つであるほか、健康を定義する重要な要素でもあり、生体恒常性ともいわれています。

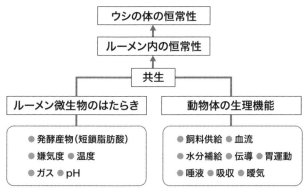

図8-1　ルーメン微生物と動物体の生理機能の共生によるルーメン内の恒常性の維持

（小原嘉昭、2016、『Dairy Japan臨時増刊号』より）

物等が流入してきます。このような状況で、ルーメン内の嫌気度、pH、浸透圧、温度などはほぼ一定に保たれ恒常性が維持されています。そして、ルーメン微生物は、飼料を利用して発酵を行い短鎖脂肪酸を産生します。ルーメン内で微生物発酵をスムーズに進めるために、ルーメン粘膜から短鎖脂肪酸の吸収、唾液分泌、ルーメン運動、噯気、血液循環などの生体の生理機能が作用して恒常性が維持されているのです。

2 微生物による恒常性の維持

●嫌気度─細菌やプロトゾアのはたらきで嫌気性を維持─

ルーメン内の嫌気度は −150 〜 −350mV[1]で、きわめて高い嫌気性が保たれています。飼料摂取時にルーメン内に侵入した酸素やルーメン壁に流入してきた血液中の酸素は、飼料とともに侵入する好気性菌やルーメン粘膜に付着している通性嫌気性菌により直ちに消費されます。ルーメン内の細菌の大部分を占める偏性嫌気性菌は、酸素を利用できないだけでなく酸素の存在そのものが有害なのです。

プロトゾアは好気性菌と同じくらい酸素を消費することができ、ルーメン内の酸素除去に大きく貢献しています。ウシはルーメン内において微生物の作用により短鎖脂肪酸などの発酵産物を産生し、さらに二酸化炭素（炭酸ガス）やメタンを産生して嫌気度を維持して嫌気性細菌の活動を活発にしています。

● pH─日内変動を繰り返しながら微酸性に維持─

ルーメン内の pH は、飼料摂取により変化する日内変動を繰り返していますが、通常 5.3 〜 7.5 の間に維持されています。pH はルーメン内で産生される短鎖脂肪酸のため、計算上は 3 程度まで低下することになります。しかし、ルーメン粘膜からの短鎖脂肪酸の速やかな吸収と唾液中に含まれる

[1] 酸化還元電位（単位は V〈ボルト〉）の値を示しています。酸化還元電位とは、物質の酸化されやすさや還元されやすさの度合を示すものです。微生物の増殖に関係する培地の酸化還元電位は、培地中の pH や浸透圧などと同様に微生物の増殖に影響する重要な環境要因の一つです。ルーメン内の嫌気度は、酸化還元電位で表され、その値が低いほど嫌気度が高く、高いと好気的であることを示しています。

炭酸水素ナトリウム（重炭酸ソーダ）の緩衝作用によりルーメン内の pH は微酸性に維持されています。

　主要なルーメン細菌の至適 pH は 6.1 〜 6.7 で、細菌が生息するのに適正な条件に保たれています。細菌の中でも、セルロース分解菌は pH が 6 以下では発育速度が急激に低下してしまいます。その他の細菌も pH の低下につれて増殖速度や細菌数が減少します。プロトゾアは、デンプンなどの易発酵性炭水化物から貯蔵多糖類を合成して急激な発酵を抑制するとともに乳酸を利用しています。このようにして、プロトゾアはルーメン内の pH を安定に保つはたらきをしているのです。

　図 8-2 に 1 日 24 時間にわたって測定したルーメン内の pH と温度のデータを示しました。ルーメン内 pH は、採食にともなってルーメン発酵が盛んになると低下し 2 回目の採食後に最低値を示し、その後回復しました。ルーメン内の温度は、逆に発酵が進むにしたがって上昇し 2 回目の採食の後に最高値を示し、その後に回復しました。このように、採食にとも

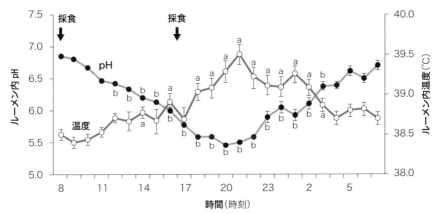

図8-2　飼料摂取にともなうルーメン内のpHと温度の日内変動

[注]このデータは、ホルスタイン去勢雄ウシ4頭の平均値±SEで示してあります。ウシには粗飼料と濃厚飼料の比率が2：8の飼料が与えられています。a, bは採食前の値と比較して有意差があることを示しています。この試験は、無線伝送式pHセンサを用いて自動的にルーメン内のpHと温度を連続的に測定したものです。

（佐藤繁、木村淳ら、2012）

なうルーメン内の恒常性の動態が連続して示されています。

●温度─水分補給や血液循環により温度上昇を抑制─

　ルーメン内の温度は通常 39℃前後で、かなりの変動幅が
あり、図 8-2 に示されているように採食にともなうルーメ
ン内での発酵の程度により差が生じます。ルーメン内細菌は
中温菌と呼ばれており、最適増殖温度は 30 〜 38℃です。
プロトゾアは温度に対して敏感で至適温度は 39℃です。ウ
シは水分補給によりルーメン内温度の上昇を抑えています。

　ルーメン内温度は、発酵によりいつも血液温度よりも高い
状況にあります。そこで、血液をルーメン粘膜に送り込むこ
とにより、ルーメン内の発酵によって生じた熱を吸収して、
この熱を体表表面から放散しています。血液の循環がルーメ
ンのラジエーター的役割を果たして温度の上昇を防いでいる
のです[1]。

●浸透圧─採食量、飲水量、唾液分泌量が関係─

　ルーメン内の浸透圧は、通常 250 〜 350mOsmol/kg[2]の
範囲に維持されています。浸透圧には、採食量、飲水量、唾
液分泌量が関係しています。

3 生理機能による恒常性の維持

　ウシなどの反芻動物は、一定の間隔で起こるルーメン運動
によりルーメンの内容物を微生物と混合して、ルーメン内の
発酵をスムーズに行っています。ルーメン運動と連動して起
こる反芻は、口腔内で吐き戻された胃内容物を臼歯によりさ
らに細かく噛み砕きます。この時、唾液分泌は促進され、唾
液中の含まれる重炭酸ソーダは、ルーメン内の短鎖脂肪酸を
中和する役割を果たしています。また、ルーメン運動と連動
して起こる噯気反射により、産生された炭酸ガスやメタンは
体外に排出されます。

[1] 血液の循環はルーメンで吸収された短鎖脂肪酸などの栄養物質を体内に運ぶという重要な役割も担っています。

[2] m Osmol/kgは浸透圧計を用いて測定した浸透圧の単位です。この値はふつう浸透圧を表す単位として用いられるmOsm/L（溶液 1L 中に溶けている粒子数）の値とほぼ等しくなります。

●ルーメン運動―消化の促進やルーメンの恒常性維持―

　ルーメン運動は、およそ１分間に２回程度の割合で起き、消化を促進させルーメンの恒常性を維持するために重要なはたらきをしています。図8-3にルーメン運動における内容物の動きを模式化したものを示しました。内容物が噴門部を起点にして動いていることがわかります。

　このようにして、ルーメン内では胃内容物の粒子が撹拌されて機械的な分解が起こり、粒子の表面積を増大させて微生物の侵入を容易にしています。そして、発酵基質と微生物が接触して発酵が促進されます。胃内容物が胃壁と接触することにより発酵産物の吸収が促進され、微生物の活動が安定します。消化が進むと胃内容物は下部消化管へと移行していき、ルーメン内にスペースが発生します。このことがさらなる採食を誘発することになるのです。

　ルーメン運動は、一定の間隔をもって強力な筋の収縮活動とこれにともなう胃内容物の移動を繰り返しており、ルーメン運動には２つの型があります。

　第１の型は、第二胃の収縮に始まり、第一胃に波及する
ぜんどう
蠕動性収縮で反芻をともなうことがあります[3]。また、第２

[3] 胃の収縮は、迷走神経の反射によって起こります。胃の粘膜にある神経終末の受容器からの刺激が求心性神経を介して中枢に到達し、さらに、遠心性神経を介して胃に到達して胃運動が起こります。

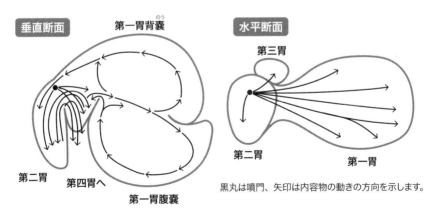

黒丸は噴門、矢印は内容物の動きの方向を示します。

図8-3　X線透視による模式化したルーメン運動における内容物の動き
（Waghorn and Reid,1977；Wyburn,1980、『反芻動物の栄養生理学』より）

の型は、第一胃だけの収縮で、しばしば曖気をともないます。運動の頻度は、動物の生理状況により変化します。ルーメン運動の頻度は、採食中が最も高く、反芻中、休息中の順に頻度が低くなります[1]。

◎反芻─胃内容物を微粒子にまで均一に細かくする─

反芻は、ルーメン運動に先行して第二胃の収縮に始まり、食道、咽頭部に達し呼吸運動をともなって行われます。反芻は、第二胃壁にある接触受容器が、胃内容物の粗い粒子によって機械的な刺激を受けて起こります。2次的には他の消化管部位の接触刺激も重要な役割を担っています。接触刺激は迷走神経を介して延髄反射を導き反芻を引き起こします。また、反芻は酢酸がルーメン内の化学受容器を刺激することによっても起こります。

反芻は夜間に最も多く見られますが、搾乳や乳腺への機械的な刺激がオキシトシンの分泌を刺激して、反芻の頻度を増加させることが報告されています[2]。

ウシは1日6〜10時間、平均して8時間程度反芻します。反芻は、単なる食べた飼料の噛み返しではありません。ルーメン内では未消化の飼料片は上層部に浮いています。このような粗い飼料が反芻されることはありません。ウシのルーメン内容物は、飲水と分泌された多量の唾液により90％は水分が占めており、下層部にいくにしたがって粒子は細かくなり比重も大きくなります。

反芻されるのは、第二胃溝の噴門部付近にある胃内容物です。それは、すでに微生物により発酵され、小粒子化された飼料を含む水分が95％もある液状物です。第二胃の収縮や食道の蠕動運動により、小粒子を含む液状の物質が口腔に戻ると、水分だけが口腔内で絞られて飲み込まれます。そして、残った固形物が再び咀嚼されて小粒子が微粒子になるのです。反芻は、このように精密なしくみで行われているのです。

[1] 胃運動の間隔は、平均して採食中は22.7秒、反芻中26.4秒、休息中28.7秒で、休息中の運動が最もばらつきが大きくなります。

[2] 反芻時の脳波はまどろみが起こっている時と似た波形を示すことが報告されています。このことから、ウシが反芻する時は精神的に安定した状況になっている時であると考えられます。

●曖気―発酵によって生じたガスを排出する―

　反芻動物であるウシの曖気反射は、胃内で発生したガスが第一胃壁を拡張させることにより反射的に起こり、ルーメン内恒常性の維持に関与しています。まず、第一胃背嚢部の内圧が上昇すると同時に、食道下部の括約筋が弛緩して第一胃から食道にガスが移行します。次いで、食道下部の括約筋の収縮、咽頭部括約筋の弛緩、食道の逆蠕動によって口腔に排出されます[3]。曖気反射の受容器は、噴門部、第一胃・二胃壁、食道に広く分布しています。曖気は、迷走神経が支配しており、反射の中枢は延髄にあります。

3 ヒトで起きるゲップは曖気と同じ機構で起きますが、ヒトのゲップは発酵ガスではなく食べ物と一緒に入っていった空気です。

4　唾液分泌の役割としくみ

　反芻動物であるウシの唾液分泌は、単胃動物と異なる大きな特徴をもち、消化において重要な役割を果たしています。

●大量の唾液はアルカリ性で血清からつくられる

　ウシの唾液は、主成分が重炭酸ソーダで緩衝能が高くアル

成牛における第二胃溝の役割

　第二胃溝（食道溝➡ p.43）は、ルーメンの噴門部と第二・三胃口を結ぶ器官です。哺乳期においては、子ウシが乳を飲む時、この器官は管状になり、ルーメンに乳を漏らさないで第三胃以下に送り込むという重要な役割を担っています（➡ p.43）。

　成牛における第二胃溝の役割についてはあまり知られておりません。しかし、成牛において、この器官は、その存在部位から考えて反芻と第二・三胃口から下部消化管への内容物の移動に大きく関わっている可能性が考えられます。第二胃溝の前方にある噴門部では粒子の大きさ（パーティクル・サイズ）を察知して反芻を開始させると思われます。

　そして、胃内で再び粒子が分解されて直径が2～3mmになると、第二胃溝は滑り台的な役割を果たして内容物を第三胃以降に送り込んでいるのではないかと考えられます。第二胃溝付近は胃の迷走神経の扇の要になっているところなのです。

■8■乳牛の健康とルーメンの恒常性 ｜ 85

カリ性で、ルーメン内で産生される短鎖脂肪酸を中和すると
いう重要なはたらきをしています。まさに、胃薬を液状にし
て四六時中飲んでいる状態なのです。体重600kgの乳牛で、
1日に100～180Lの大量の唾液を分泌します■。ウシの唾
液は採食時、反芻時、休息時と間断なく分泌を持続します。
そして、反芻時の分泌量が最も多くなります。

　表8-1に反芻動物であるウシとヒトの唾液の無機イオン
組成を示しました。唾液の材料となる血清のNa^+、Cl^-、
HCO_3^-、HPO_4^{2-}の濃度は、ヒトとウシでほとんど同じレベ
ルです。しかし、唾液成分には大きな違いが見られます。ウ
シの唾液はヒトと比べてNa^+濃度が高く、Cl^-濃度が低く、
HCO_3^-濃度が非常に高いのです。また、HPO_4^{2-}濃度もかな
り高くなっています。ウシの唾液の主成分は重炭酸ソーダ
（$NaHCO_3$）で、その主成分が食塩（$NaCl$）であるヒトとは
大きく異なっています。また、ウシの唾液は等張性でヒトの
唾液は低張性です。pHは8.2とアルカリ性で、ヒトの唾液
が中性であることと大きく異なります。

　唾液は、唾液腺で血清を材料としてつくられます。唾液の
無機塩分泌機構の概略を図8-4に示しました。図に示すよ
うに唾液腺は、腺胞腔と介在部に分かれています。腺胞腔で
は、血清とほぼ同じイオン濃度の原唾液と呼ばれる唾液が分
泌されます。それが介在部を通過する際、イオンの再吸収や
添加が起こります。この介在部における作用がヒトとウシで

表8-1　ウシとヒトの唾液の無機イオンの比較

単位：(mEq/L)

	ウシ	ヒト	血清
Na^+	161	75	145
K^+	6.2	8.9	4
HCO_3^-	126	25	24
Cl^-	7	62	116
HPO_4^{2-}	26	4	1

（小原嘉昭、2021）

［注］mEq（ミリ当量、ミリイ
クイバレント、メック）は、
電解質の量を表す単位で、
電解質を含む溶液では、溶
液1L中に溶けている溶質の
ミリ当量としてmEq/Lとい
う単位を使用します。

大きく異なります。ヒトでは、ほとんどの無機イオンが再吸収を受けて血清より低くなり低張性の唾液になります。しかし、ウシの唾液の Na^+ 濃度は、介在部において再吸収を受けず血清濃度より若干高くなっています。Cl^- はヒトでもウシでも唾液腺での再吸収はありますが、ウシのほうが再吸収能が大きいようです。

また、ウシの場合、介在部は炭酸脱水酵素（CA）[2]の活性が非常に高くなっています。この酵素の作用により、産生された HCO_3^- が唾液中に付加され HCO_3^- 濃度が高くなります。また、HPO_4^{2-} の付加も行われて、緩衝能の高い等張性の唾液が分泌されることになるのです。

[2] 水（H_2O）と二酸化炭素（炭酸ガス、CO_2）から炭酸水素イオン（HCO_3^-）と水素イオン（H^+）に変換する反応を加速する酵素で、CA と略記されます。

●ルーメン内の恒常性の維持と炭酸脱水酵素の役割

哺乳動物において、炭酸脱水酵素はエネルギー代謝の再利用機構において重要な役割を果たしています。炭酸脱水酵素は、エネルギー代謝の最終産物である炭酸ガスと水を材料として HCO_3^- と H^+ をつくり出します。そして、膵液の重炭酸ソーダや胃塩酸の分泌、腎臓での尿の生成に重要な役割を果たしています。また、炭酸脱水酵素は赤血球における炭酸ガスと酸素の交換に作用しています。呼吸器である肺におい

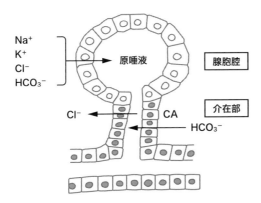

図8-4　ウシの耳下腺における無機塩分泌機構の概略

（小原嘉昭、2021）

て空気中から酸素を獲得して、抹消組織でこの酸素を代謝のために利用します。そして、組織で産生された炭酸ガスを赤血球に取り込み肺まで運び込んで酸素とガス交換を行う呼吸作用を行っています。

　反芻動物である乳牛においては、炭酸脱水酵素がすぐれた役割を果たしている組織は唾液腺である耳下腺とルーメン粘膜です。図8-5に示すように、この2つの組織の生理作用によりルーメン内の恒常性が維持されています。

　耳下腺は、炭酸脱水酵素により多量のHCO_3^-をつくり出し、重炭酸ソーダ含量の高い唾液を分泌します。この緩衝能が高いアルカリ性の唾液は、ルーメン内で産生される短鎖脂肪酸を中和します。また、ルーメン粘膜の炭酸脱水酵素活性も高く、この酵素の作用でHCO_3^-をつくります。ルーメン粘膜には、イオン化した短鎖脂肪酸とHCO_3^-を交換する作用をもつ交換体が存在しており短鎖脂肪酸をルーメン粘膜を介してスムーズに吸収します。緩衝能の高いアルカリ性の唾液分泌による中和と短鎖脂肪酸のすみやかな吸収によって、ルーメン内のpHは一定の値に保たれ恒常性が維持されているのです。

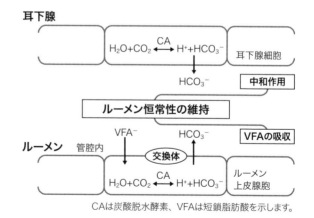

CAは炭酸脱水酵素、VFAは短鎖脂肪酸を示します。

図8-5　耳下腺とルーメン粘膜における炭酸脱水素酵素の役割
（小原嘉昭、2016、図8-1と同じ資料より）

9 ウシにおける 生理機能の特異性
―尿素と Na の体内循環―

1 尿素再循環のしくみと活用

　哺乳動物における窒素代謝の最終産物は、尿素で尿中に排泄されています。しかし、ウシのような反芻動物では、尿素を消化管に移動させタンパク質として利用するという尿素再循環機能をもっています。とくに、摂取する飼料中の窒素が不足する場合には、この機能は重要な役割を果たします。

●ルーメンを中心とした尿素再循環のたくみなしくみ

　図9-1に反芻動物の尿素再循環の概略を示しました。飼料として摂取する窒素量が少ない場合には、反芻動物は腎臓において尿素の再吸収能を増加させて、尿中への尿素の排泄

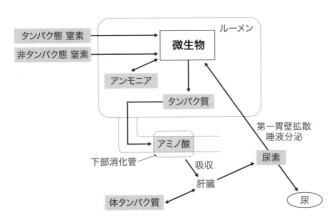

図9-1　反芻動物における窒素代謝の動態と尿素再循環
（小原嘉昭、2021）

を抑制します。そして、血液中の尿素をルーメン内に移行させます■1。ルーメン内に出現した尿素は、ルーメン内細菌のもつ酵素（ウレアーゼ）によりアンモニアに変換されます。ルーメン内では、このアンモニアを細菌が利用して微生物タンパク質を合成します。微生物タンパク質は、ルーメンから第四胃に移行して、そこで分泌される塩酸により加水分解されてジペプチド、トリペプチドやアミノ酸になり下部消化管から吸収されます。吸収されたアミノ酸などは体タンパク質の合成に利用されます。そして、窒素代謝の最終産物として尿素が産生されますが、それを消化管に送り再利用するという過程を繰り返しているのです。

　ウシなどの反芻動物は、このようなルーメンを中心とした消化管における尿素再循環機能を利用して、体内で窒素の節約につとめているのです■2。

●畜産・酪農における尿素再循環の機能の活用

　こうした反芻動物の尿素再循環について、畜産・酪農という産業上の観点から見てみます。図9-2に反芻動物における尿素再循環に対する窒素摂取量の影響について示しました。

　血液中の尿素レベルは、窒素の摂取量の増加にともなって段階的に増加しました。また、この時の体内での1日当たり尿素の代謝量も、血液中の尿素レベルに平衡して増加し、血液中の尿素レベルと高い相関関係を示しました。

　すなわち、摂取する飼料中の窒素レベルが増加するにつれて体内での窒素代謝が盛んになりました。しかし、消化管に循環する尿素の移行量はそれほど大きな違いは見られません。また、最も窒素摂取量の多い飼料区では体内で使われる尿素量の70%が尿中に排泄されることから、過剰な窒素の給与は反芻動物にとってむだであることが示されました。

　窒素摂取量が最も少ない飼料区では、体内で使われる尿素の80%近くが消化管に再循環されました。また、血液中の

尿素のレベルを11mgN/dL（110mgN/L）程度になるような飼料で飼育すると、体内で消費される尿素量の60%が消化管に再循環されました。このことから、反芻動物がもつ尿素再循環の機能を生かして飼育するためには、このくらいの尿素レベルを示すような飼料の給与が一番適していると思われます。

●牛乳中の窒素レベルで判定できる飼料中の窒素量

泌乳牛において、牛乳中の尿素レベルは血液中の尿素レベルとほぼ等しい値を示し、摂取する飼料中の窒素量に比例して変化することが明らかになっています。したがって、酪農現場では、牛乳中の尿素レベルを測定して乳牛の飼料中の窒素量の過不足を判定しています。また、摂取する窒素の量が多い場合、繁殖機能が低下することが報告されています。

このことから、牛乳中の尿素レベルを知ることで、ウシの繁殖障害を予防することができます。ウシに飼料として窒素を給与する場合、余分な窒素の給与に気をつけて、乳牛がもっている尿素の再循環機能を生かして飼育することが重要であると考えられます。

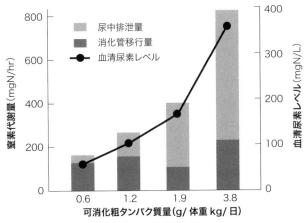

図9-2　窒素摂取量が血液尿素レベル、尿中排泄量、消化管移行量に及ぼす影響

（小原嘉昭、2006、『ルミノロジーの基礎と応用』より）

[注]飼料中の窒素量が異なる4つの飼料区でヒツジを飼育し、血清尿素レベル、体の中で単位時間当たり代謝される尿素の量、尿中に排泄される尿素量を測定しました。4つの飼料区ともエネルギー摂取量は同じレベルにしてあります。血液尿素レベルは、窒素摂取量が最も少ない飼料区では6mgN/dL（60mgN/L）、最も多い飼料区では37mgN/dL（370mgN/L）で窒素摂取量と高い相関関係を示しました。

●飼料中の窒素量節減につながる易発酵性炭水化物の添加

　乳牛を飼育する場合、給与飼料の窒素量を節約する技術としては、飼料への易発酵性炭水化物たとえばデンプンや糖類の添加給与が考えられます。図9-3に易発酵性炭水化物の添加による窒素代謝と炭水化物代謝の動態について示しました。摂取する窒素量と炭水化物の量を同じレベルにした飼料に易発酵性炭水化物を添加しています。

　易発酵性炭水化物を添加すると、ルーメン内でプロピオン酸の発酵が盛んになり、プロピオン酸の産生速度が上昇します。そして、肝臓での糖新生によりグルコース濃度が増加します。そのため、糖源性のアミノ酸を糖新生のために利用する必要がなくなり、これらのアミノ酸を抹消組織でタンパク質源として利用できるようになります。

　易発酵性炭水化物の給与は、炭水化物代謝を活性化するだけでなく窒素代謝にも影響を及ぼします。易発酵性炭水化物の添加により血液中の尿素のレベルが低下し、尿中の尿素排泄が減少して、消化管への尿素の再循環量が増加しました。

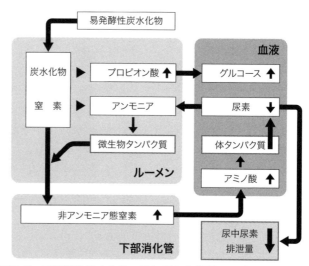

図9-3　易発酵性炭水化物の添加が窒素代謝に及ぼす影響

（小原嘉昭、2006、図9-2と同じ資料より）

また、ルーメン内ではアンモニア濃度が減少し、微生物タンパク質の合成量が上昇しました。さらに、微生物タンパク質を含めた窒素化合物の下部消化管への流出量が増加して、腸管から吸収されるアミノ酸の量を増加させました。その結果、

世界の酪農発展に貢献したビルターネン博士の研究
―サイレージ調整法を初めて理論づけ、ノーベル化学賞も受賞―

フィンランドの生化学者、ビルターネン博士は、乳牛のルーメンとその中にいる細菌などの微生物がアンモニアなどの非タンパク態窒素からタンパク質を合成していることに注目しました。そして、飼料中の窒素のすべてを尿素に置き換えて泌乳牛を飼育する実験を行いました。

泌乳牛に与えられた飼料の成分は、セルロース57.3%、ジャガイモデンプン16.4%、ショ糖12.2%、尿素5.3%、ミネラル8.8%です。泌乳牛にこの飼料を給与することによって、年間4,300kgの牛乳を生産することに成功しました。尿素の給与によって乳牛を健康に飼育でき、さらに牛乳を生産するという画期的な研究を行ったのです。ウシがもっている特異的な栄養生理機能であるルーメン微生物のタンパク質合成と尿素再循環の機能に着目して、泌乳牛においてその意義を明らかにしたすばらしい研究といえます。

ビルターネン博士の最大の業績は、農業の実際面に即した研究を行ったことです。北欧では酪農は重要な産業ですが、冬場に乳牛に与える緑草飼料の貯蔵については難しい問題がありました。彼は飼料の貯蔵中のpHが通常は6.5ぐらいのところを、酸を加えてpH4より少し下げると異常発酵による腐敗を防ぐことができることを発見しました。この時、乳酸発酵が継続して起こり飼料中の栄養素やビタミンA、Cも失われなかったのです。この飼料の保存方法は、彼の名前から「AIV法」と名付けられました。寒い冬の間、家畜を安い費用で飼養する方法を確立したのです。現在、貯蔵飼料として酪農現場で使われているサイレージの調整法を世界で最初に理論づけたのです。また、バターの貯蔵時の変質も、pHを調節することで防止できることも明らかにしました。

また、彼は植物生化学の研究も活発に行いました。マメ科植物に共生する根粒バクテリアの窒素固定のしくみや、植物に含まれる多くの非タンパク性アミノ酸の発見など多くの業績を残しました。

そして彼は、「農業化学と栄養化学における研究と発見、とくに糧秣による飼料の保存法の発見」により1945年ノーベル化学賞を受賞しました。このように彼の研究は世界の酪農の発展に大きな足跡を残しているのです。

体内のタンパク質の合成量が増加しました。

これらの結果は、反芻動物がもつ尿素再循環機構を利用してタンパク質飼料の節約と糞尿中への窒素排泄量を低減化する新たな乳牛の飼養方法の開発の可能性を示唆しています。今後の畜産環境問題を考える上で重要な技術と思われます。

ただし乳牛においては、易発酵性炭水化物の給与は亜急性のルーメンアシドーシス（→ p.128）を引き起こすことが危惧されることから、易発酵性炭水化物の利用に当たっては、その給与量に注意を払う必要があります。

2 ナトリウム（Na）の体内循環

◉ Na の欠乏にも過剰にも耐えられる反芻動物はルーメンをもつ

哺乳動物において、ナトリウム（Na）とカリウム（K）はともに体内の水のバランスや細胞外液の浸透圧を維持する上で重要なミネラルです[1]。

ウシなどの反芻動物の栄養生理学的な特異性は、彼らがもつルーメンの機能によって成り立っていることはこれまでいろいろの角度から見てきました。反芻動物は、栄養生理学上重要な無機イオンである Na に対しては、欠乏にも、過剰摂取にも耐えられるというすぐれた生理機能をもっています。このことは、彼らが、地球上の厳しい環境下で生命を維持し繁栄を続けてこられたことと大きく関係していると思われます。

反芻動物であるウシにおいて、Na はルーメン液とルーメン微生物体内に最も多く含まれているミネラルであり、微生物の活動にとって重要です。Na が不足すると細菌の増殖は抑制されますが、通常、ルーメン液の Na 濃度は一定に保たれ菌の増殖に対し不足することはありません。

Na の代謝は、水の代謝と大きな関連性をもっています。野生の反芻動物は、岩塩などのような食塩が存在する場所に

[1] Na は、酸・塩基平衡、筋肉の収縮、神経の情報伝達、栄養素の吸収・輸送などの体の重要な生理機能に関与しています。さらに、水分を保持しながら細胞外液量や循環血液の量を維持し、血圧を調節しています。

行くと、食塩を多量に摂取してルーメン内にため込みます。そして、草原をさまよいカリウム（K）を多く含む草類を食べ回るのです。また、多量の水も同様にルーメンの中にため込み、水場や岩塩のある場所や餌場である草原を上手に使って生きているのです。反芻動物はルーメンをもつがゆえにNaや水の欠乏に強い動物であるといえます。

また、単胃動物であるブタなどは、食塩を多量に摂取すると食塩中毒を起こすことが昔から知られており、重症の場合には脳炎を起こすなどして死に至ります[2]。しかし、ウシには、そのような心配がないのです。

ウシの腎臓とイヌの腎臓の写真を図9-4、5に示しました。ウシの腎臓は表面がブドウの房状で腎葉が複数個あります[3]。このように分葉化したウシの腎臓は、体内のNaの排泄、再吸収能、それにともなう水の動きに大きく関係していると思われます。ウシの体内での水の動きを調節する意味で、分葉化した腎臓は重要な役割を果たしていると思われます。泌乳牛は、多くの乳を出しますがその大部分は水分です。それゆえ、腎臓での水の再吸収が多量の乳を出すために一役かっていると思われます。また、尿素の再吸収能を効率的に行うは

[2] ひと昔前、残飯養豚が行われていた時代には、味噌汁など多くの食塩が飼料中に含まれており食塩中毒の事故が多発し非常に大きな問題になっていました。また、ヒトでは、食塩の摂取は、高血圧症、腎臓疾患、心臓疾患などの関係から、摂取量をきちんと制限することが医療分野で決められていることは、よくご存じのことと思います。

[3] 多くの哺乳動物の腎臓は、イヌの腎臓のように表面が平滑でソラマメのような形をしています。

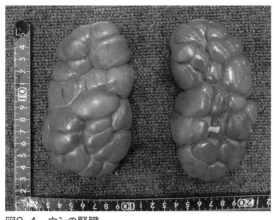

図9-4　ウシの腎臓
（写真提供：佐藤礼一郎）

図9-5　イヌの腎臓
（写真提供：平井卓哉）

たらきがあると思われます。しかし、ウシの腎臓の形態とその機能に関する研究はあまり行われていません。

●採食にともなう Na 再循環は反芻動物の重要な生理現象

ウシなどの反芻動物は、採食時、多量の Na を消化液、とくに唾液分泌を介して消化管に送り込んでルーメンをはじめとして消化管での生理機能を維持しています。採食により、多量の Na が唾液などの消化液とともに消化管に送り込まれるため、生体内の Na が不足して血液 pH が低下して食事性のアシドーシス（➡ p.128）が起こります。

図 9-6 に反芻動物（ヒツジ）における採食にともなう耳下腺唾液分泌と血液性状の変化について示しました。唾液の分泌量は、採食により大きく増加して採食直後には最低値を示します。その後、唾液分泌量は徐々に回復するという飼料摂取にともなう日内変動を繰り返します。採食により、一時的に血液濃縮や循環血漿量の低下が起きており、かなりの時間にわたって血液の浸透圧の上昇が起こっています。そして、時間の経過とともに Na が消化管から体内に再び吸収されることにより、血液の性状は徐々に元の値に戻っていきます。反芻動物では採食にともなってこのような生理変動が起きて

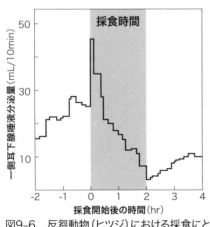
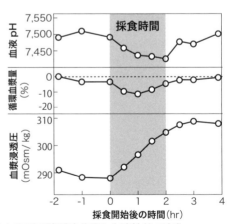

図9-6　反芻動物（ヒツジ）における採食にともなう耳下腺唾液分泌と血液性状の変化

（小原嘉昭、1998、『反芻動物の栄養生理学』より）

いるのです。この生理現象は、Na 再循環といわれ反芻動物
にとって重要な生理機能なのです。

◉ Na 循環における重炭酸ソーダを主体とした唾液の重要性

　反芻動物の Na 代謝を考える上で最も重要な栄養生理学的
特徴は、反芻動物の唾液成分が炭酸水素ナトリウム（重炭酸
ソーダ）であることです。反芻動物が Na 代謝の重要性つい
ては、唾液分泌の特異性に関連して研究がなされています。

　反芻動物の Na 循環において唾液分泌が重要であることを
知るために、唾液を体外に除去してやって Na 循環を遮断し
て動物の生理性状への影響を観察する実験が行われています。

　反芻動物であるヒツジを用いて、一側の耳下腺唾液を体外
に除去[1]して Na 欠乏にすると、耳下腺唾液中の Na イオン
濃度は 180m 当量 /L から 50m 当量 /L に著しく低下し、逆
に K イオン濃度は 6m 当量 /L から 110 〜 170m 当量 /L と
増加します。その結果、唾液中の Na と K 濃度に逆転が起
こり Na/K 比が著しく低下しました。

　反芻動物は Na が欠乏すると、唾液中の重炭酸ソーダをリ
ン酸カリウムに変えて反芻胃内（ルーメン内）の短鎖脂肪酸
の中和作用を維持しようとつとめます。また、この時、1 日
当たりの尿中への Na の排泄量は 200m 当量から 10m 当量
へと著しく低下していました。

　ルーメンに入る耳下腺唾液の量が不足すると、ルーメン内
で産生される短鎖脂肪酸を中和できなくなり、短鎖脂肪酸の
濃度が上がり pH が低下してルーメンアシドーシスが起こり
ます。また、前述したように Na は生体内で重要な役割を果
たしていますので、体内の代謝がうまくいかなくなります。
そして、死に至ります。そういう意味で、反芻動物において
重炭酸ソーダを主体とした唾液の分泌は、生命の持続に関わ
る重要な生理機能なのです。

[1] ヒツジは、左右に二側
の耳下腺をもっています。
このうちの一側の耳下腺唾
液を体外に除去するという
ことは、唾液全体の 40%
を体外に除去したというこ
とになります。

反芻動物の研究から発見された血圧の制御システム

1950年代、オーストラリア、メルボルン大学のデントン博士らは、ヒツジを用いて耳下腺唾液を体外へ除去して唾液中のNa/K比が低下することを発見しました。さらに副腎を頸静脈と頸動脈の間に移植して、副腎から分泌される鉱質ホルモンであるアルドステロンの血液中の濃度を測定しました。そして、唾液中のNa/K比とアルドステロンの分泌の間に密接な関係があることを発見したのです。彼らは、さらに血圧や細胞外容量の調節に関わるホルモン系の総称であるレニン – アンジオテンシン – アルドステロン系との関わりについて追求し、血圧の上昇や腎臓の循環血液量の増加にともなってレニン – アンジオテンシン – アルドステロン系が活性化されることを明らかにしました。

腎臓の傍糸球体細胞で産生されたレニンは、肝臓由来の血中アンジオテンシノーゲンを分解してアンジオテンシンIに変換します。続いてアンジオテンシンIIに変換されます。アンジオテンシンIIは、全身の動脈を収縮させるとともに、副腎皮質からアルドステロンを分泌させます。アルドステロンは、Naの再吸収を高めてNaを体内にためるはたらきがあり、これにより循環血液量が増加して心拍出量と末梢血管抵抗性が増加し血圧が上昇するのです。この系をレニン – アンジオテンシン – アルドステロン系といいます（図9-7）。

デントン博士らが行った実験は、反芻動物の生理学的特異性に注目してヒツジを用いて行った生理学の基礎研究です。しかし、得られた成果であるNaの動態とレニン – アンジオテンシン – アルドステロン系の関係は、生理学や腎臓病学だけでなく、循環器内科、内分泌学などの教科書に出てくるほどの成果なのです。この系は、血圧を規定するシステムの一つであり、医学の臨床の現場で非常に重要な発見となっています。

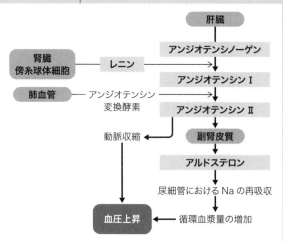

図9-7　血圧を制御するレニン–アンジオテンシン–アルドステロン系

(小原嘉昭、2021)

10 ミルクタンクの構造と牛乳の合成

1 乳房・乳腺の構造とはたらき

　哺乳動物において泌乳は、妊娠や分娩に続いて起こる生理現象です。しかし、乳牛は子ウシが必要とする量よりもはるかに多くの乳を生産するように、長い年月をかけて育種改良が加えられてきました。今や牛乳は人間の食料としてなくてはならない存在になり、乳牛は「人類の乳母」ともいわれています。酪農という産業は、乳牛のこうしたすぐれた泌乳機能[1]を利用した生物産業なのです。

◉ヒトにはない乳腺槽が発達したウシの乳房・乳腺

　ウシは4つの乳房（乳区）をもち[2]、その乳頭部分には乳腺でつくられた乳をためておく乳腺槽という部分がよく発達しています。それは、「ミルクタンク」と呼ぶにふさわしいものです。図10-1にウシとヒトの乳頭部分を示して比較して

[1] 泌乳は、乳腺において血液を介して送られてきた栄養素を利用して乳を合成し分泌するという複雑な生理現象です。乳腺胞の乳腺上皮細胞における乳の合成と細胞から腺胞腔への乳の移行を「乳分泌」、乳槽内に蓄えられた乳の流下と乳腺槽内の乳の排出を「乳の移動」といいます（図10-2）。泌乳とは、この「乳分泌」と「乳の移動」を合せた言葉です。

[2] ウシの乳房は、左右2つの乳房に分けられ、各乳房はさらに前後2つの乳区に分けられます。4分房（乳区）は互いに接しながらも独立していて、各分房でつくられた乳はそれぞれ別々の乳頭から分泌されます。また、乳房炎原因菌が乳区をまたいで移動・感染することはありません。

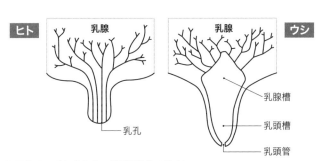

図10-1　ウシとヒトの乳頭部分の比較
（星野忠彦原図、津田恒之、2001、『牛と日本人』より）

■ ウシは、乳を多く分泌
できるように改良されてき
たため、乳腺槽を含め乳房
の形態が変わってきて大き
な乳房をもつようになった
と思われますが、その実態
はわかっていません。ヒト
では、母親が出産し子供が
乳を飲む時に、必要な量の
乳だけを分泌するのに適し
た構造になっています。

■ 乳腺は皮膚腺が変化し
たもので、外胚葉に由来す
る外分泌腺です。外胚葉と
は動物の発生途上に胚の外
側に現れる細胞層のことで、
主に表皮や神経系などが形
成されます。

みました。ヒトの乳頭部分には乳腺槽がありませんが、ウシ
の乳頭部分には乳腺槽がよく発達しているのがわかります■。
乳腺槽にたまった乳汁は、乳頭槽、乳頭管を介して乳頭孔よ
り分泌されます。

　ウシの乳腺の構造を図10-2に模式的に示しました■。ウ
シの乳頭には1本の乳頭管があり、その上部に乳頭槽と15
〜50本の乳管が開口している乳腺槽があります。乳管は、
枝分かれして乳腺胞につながります。乳房には、ブドウの房
のような小さな袋状の乳腺小葉がたくさん集まっています。
さらに乳腺小葉には多くの乳腺胞が詰まっています。

　乳腺胞は、乳腺上皮細胞の集合体で直径約0.1mmの球状の
形をしています。乳腺胞の内壁は数百の乳腺上皮細胞がドー
ム状に敷き詰められており、乳腺上皮細胞において乳の合成
と分泌が行われています。

　乳線胞の外壁表面には、動脈と静脈の毛細血管が入り込ん
でおり、栄養素の供給と酸素と二酸化炭素（炭酸ガス）のガ
ス交換が行われています。そして、乳腺上皮細胞でタンパク
質、乳糖、脂肪などの乳成分がつくられるのです。

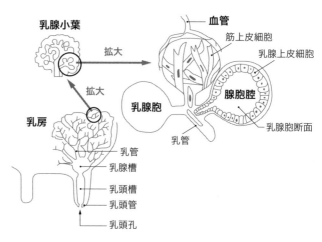

図10-2　ウシの乳腺の構造（模式図）
（上家哲、1983、『反芻動物の栄養生理学』より）

乳腺胞の外側には、筋上皮細胞と呼ばれる筋肉に似た細胞が覆っており、この細胞の収縮により腺胞内にたまった乳を一気に放出します。この収縮は、搾乳刺激や子ウシによる乳頭の吸引が母ウシの脳の下垂体後葉を刺激して、そこからオキシトシンというホルモンが分泌されることによって起こります。

●多くの泌乳を支える多量の血流と酸素の利用

泌乳中の乳牛が、牛乳1Lを生産するのに必要な乳腺の血流量は、なんと450〜500Lにも達します。泌乳中、乳牛では多量の血液が乳腺に送られているのです。泌乳牛をよく見ると、下腹部の乳房付近の血管がよく発達しており太く波打っているのがわかります。乳牛は1日に30kgの乳を出すとすれば、15,000Lもの血液を乳腺に送っていることになるのです。ということは、乳牛の心臓は、他の哺乳動物と比較して血液を送る巨大な能力をもっていることになります。

図10-3は、泌乳牛の乳量と乳房血流量の関係を調べたものですが、この実験からも泌乳牛における乳量の増加には、血流量の増加が関係していることは明らかです[3]。

[3] リンゼル博士 (1974) は、乳房の血流量を測定する方法（サーモダイリューション）を確立しました。この方法は、少量の低温の溶液を乳静脈に注入して、下流の血管の温度変化を熱電対でとらえることにより血流量を算出する方法です。彼らは、2品種の泌乳牛を用いて乳量と血流量の関連性を観察していますが、乳量と血流量の間には非常に高い正の相関関係が見られます（図10-3）。

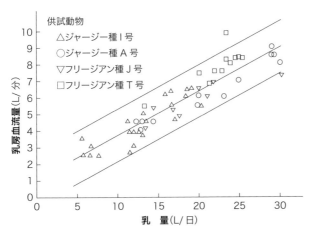

図10-3　乳量と乳房血流量の関係
　　　　（Linzellら、1974、『ルミノロジーの基礎と応用』より）

1 乳腺の酸素消費量は、
動物種または乳腺の状態に
より異なりますが、一般に
体の小さな動物ほど単位重
量当たりの酸素の消費量は
大きくなります。また泌乳
期の乳腺は、乾乳期の乳腺
に比べて酸素消費量が多く
なっています。

また泌乳時、乳腺では血液により運ばれた酸素を利用して、乳成分がつくられ、相当量の二酸化炭素が放出されます**1**。乳牛では、乳腺においてグルコースから 30 ～ 50％の二酸化炭素が、酢酸からは 20 ～ 30％の二酸化炭素が排出されます。このように、乳牛の乳腺では酢酸とグルコースの両方が、乳腺での分泌活動のエネルギーとして使われているのです。一方、ヒトやラットの乳腺ではグルコースのみがエネルギーとして使われています。

●乳牛における酢酸とグルコース代謝の特性

泌乳牛は、乳腺以外の体内組織では酢酸をエネルギー源として利用して、できる限りグルコースを使わないようにしています。そして、乳腺組織での乳生産のためにグルコースを使っているのです。乳牛はこのように特異的な生理機能をもっており、このことが、乳牛が多量の牛乳を生産できる大きな要因になっています。

以下、このことを明らかにした貴重な実験を紹介します。

この実験は、同じ摂取エネルギー水準で粗飼料と濃厚飼料の比率が 40：60 の慣用飼料区と 10：90 の濃厚飼料多給区の2つの飼料区で行っています。そして、酢酸とグルコースの代謝量と乳腺における取り込み量、乳量、乳脂率の関係について調べています（表 10–1）。濃厚飼料多給区では慣用飼料区と比較して、乳量は多くなりましたが、乳脂率（乳脂

表10-1　泌乳牛における体内の酢酸とグルコースの代謝量と乳腺における取り込み量、乳量、乳脂率の関係

給与飼料の粗濃比	酢酸		グルコース		乳量 (kg /日)	乳脂率 (％)
	代謝量 (g/日)	乳腺取り込み量 (g/日)	代謝量 (g/日)	乳腺取り込み量 (g/日)		
40:60	4,458	633	1,852	1,517	23.0	3.0
10:90	2,565	376	2,402	1,915	29.3	2.3

（Annisonら、1974を改変）

肪含量）は低くなっています。

　この実験における慣用飼料区の泌乳牛の乳量は 23kg／日
で、乳脂率は 3.0％と現在の高泌乳牛の泌乳量、乳脂率と比
較するとかなり少なくなっています。しかし、この結果は現
在の高泌乳牛にも十分に当てはまると思います**❷**

　酢酸とグルコース代謝の特徴　慣用飼料区において、体内で
使われる酢酸の 1 日当たり代謝量は 4,458g で、グルコース
の代謝量 1,852g の倍以上の値を示しました。泌乳中、乳牛
は体内では、できるだけ多くの酢酸を使いグルコースの体内
での代謝を抑えていることがうかがわれました。そして、体
内で代謝されるグルコース量の 80％を乳腺に取り込んで乳
糖に変換して乳生産を行っていることが推測されました。

　酢酸とグルコースの体内代謝量　体内の酢酸代謝量は慣用飼
料区で 1 日当たり 4,458g、濃厚飼料多給区で 2,565g と両
飼料区で大きな差が見られました。この差は、ルーメンから
吸収される酢酸量の違いによるものと考えられます。慣用飼
料区では、ルーメン内の酢酸のモル比は 60％以上で濃厚飼
料多給区では 40％でした。このモル比の違いが体内の酢酸
の代謝量に反映していました。

　体内のグルコースの代謝量は、慣用飼料区では 1 日当たり
1,852g で、濃厚飼料多給区では 2,402g でした。濃厚飼料
多給区ではルーメン内のプロピオン酸のモル比が慣用飼料区
と比較して増加しており、プロピオン酸から糖新生によって
グルコース量が増加していることが裏付けられました。

　酢酸の取り込み量　乳腺における酢酸の取り込み量は、体
内の酢酸の代謝量が増加している慣用飼料区では大きく、体
内の酢酸の代謝量が減少している濃厚飼料多給区では少なく
なっていました。給与飼料の条件によって体内の酢酸の代謝
量が変化して、それが乳腺での酢酸の取り込み量に影響して
いました。濃厚飼料多給区では酢酸の取り込みが小さいこと

❷ その後、このような研
究は全く行われておりませ
んので、この研究は今でも
貴重なデータを私たちに提
供してくれています。

が乳脂肪の含量を低下させていました。

グルコースの取り込み量　グルコースの乳腺への取り込み量は、濃厚飼料多給区で慣用飼料区と比較して多くなっていました。このことは、濃厚飼料多給区の乳量の増加につながっていました。体内のグルコースの代謝量にかかわらず、両飼料区での代謝量に対する乳腺の取り込み量の比率は同じであり、体内のグルコースの代謝量のほぼ80％が乳腺に取り込まれていました。

2　栄養素の利用と乳成分の合成

●摂取した飼料中の栄養素を利用して乳成分を合成

　乳成分の合成は、摂取した飼料中の栄養素を材料として行われます。図10-4に、消化管から血液を介して乳腺に至る栄養素の移動と乳成分合成の関係について示しました。

　摂取した飼料中の脂肪は、ルーメンで長鎖の脂肪酸に分解され、血液中のトリグリセリドに変換されます。トリグリセ

オーストラリアやカナダで行われた同位元素希釈法とは？

　今から40年前、オーストラリアやカナダでは、乳牛のエネルギー代謝試験に放射性同位元素が使用できた時代があります。オーストラリアのアニソン博士らは、ラジオアイソトープでラベルした酢酸とグルコースを用いた同位元素希釈法と乳腺の動静脈差法によって、泌乳牛の主要なエネルギー源である酢酸とグルコースの時間当たりの代謝量と乳腺の取り込み量を測定する実験を行っています。

　同位元素希釈法とは、乳牛の体内にある酢酸やグルコースのプールにラジオアイソトープでラベルした ^{14}C-酢酸や ^3H-グルコースを注入してやって、経時的なアイソトープの希釈の度合から酢酸やグルコースの体内に存在する量と単位時間当たりの代謝量を推定する方法です。当時、オーストラリアやカナダでは、ラジオアイソトープを動物実験に使用することが許されていたためにできた歴史上貴重な実験といえます。現在では、この実験方法を使うことは不可能です。

リドは乳腺で脂肪酸に変換されて乳脂肪が合成されます。

　ルーメン発酵により炭水化物から産生された酢酸や酪酸からルーメン粘膜でできたβ-ヒドロキシ酪酸は、乳腺で脂肪酸になり乳脂肪に合成されます。また、体脂肪由来の遊離脂肪酸からも乳脂肪が合成されます。

　ルーメン内で炭水化物から産生されたプロピオン酸や乳酸は、肝臓で糖新生よりグルコースになり乳腺で乳糖に合成されます。また、微生物タンパク質を構成する一部のアミノ酸も糖新生によりグルコースになります。

　飼料中のタンパク態窒素や非タンパク態窒素は、ルーメン内で細菌によりアンモニアになり微生物タンパク質に合成されます。また、タンパク態窒素はプロトゾアにより利用されます。微生物タンパク質は、下部消化管でアミノ酸に分解され吸収されて乳タンパク質に合成されます。また、体タンパク質もアミノ酸に分解され乳タンパク質に合成されます。

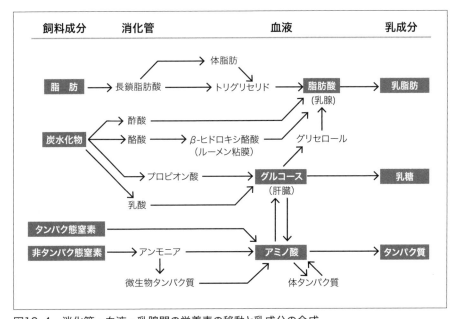

図10-4　消化管・血液・乳腺間の栄養素の移動と乳成分の合成

（小原嘉昭、2021）

泌乳牛では、このようにして摂取した飼料からの栄養素を利用して乳腺において乳の合成が行われているのです。

●血液中の栄養素のどれくらいが乳成分の合成に？

牛乳の乳成分である乳脂肪、乳タンパク質、乳糖は、血液中の栄養素を使って乳腺でつくられます。先に紹介したリンゼル博士ら（1974）は、泌乳牛や泌乳ヤギを用いて乳成分の合成に対して血液の栄養素がどのくらいの量使われているかを血流量、栄養素の乳腺の動静脈差とアイソトープでラベルした栄養素を用いた実験から明らかにしています。この研究は、乳成分合成のようすを定量的に明らかにしたすばらしい研究といえます。

図10-5に、その結果を示します。牛乳100mL当たり、乳成分であるタンパク質3.1g、乳糖4.4g、乳脂肪3.8gを合成するのに、乳腺に送られた血液の栄養素がどのくらい使われているかを図にしたバランスシートです。

乳タンパク質の合成には、血液から乳腺に取り込まれたアミノ酸がほぼ同量使われています。乳腺に入った血液中のグルコースは、その3分の1がエネルギーとして乳腺組織で使

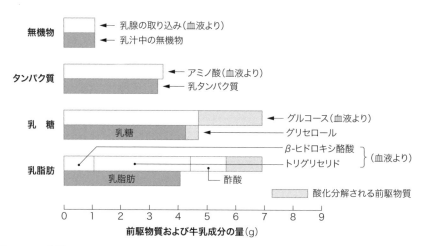

図10-5　乳腺における牛乳成分とその前駆物質とのバランスシート

(Linzellら、1974、図10-3と同じ資料より)

われ3分の2が乳糖の合成に回されています。また、一部は
グリセロールに変換され乳脂肪の合成に使われます。乳脂肪
合成には血液中の酢酸、β-ヒドロキシ酪酸、トリグリセリ
ドが乳腺に取り込まれ、脂肪酸を形成して乳脂肪の合成のた
めに使われます。この時、酢酸の半分程度が代謝エネルギー
として乳腺組織で利用されています。

3 乳腺上皮細胞における乳成分の合成

●細胞内における乳成分合成のしくみと流れ

　乳牛の乳腺上皮細胞における乳成分の合成は、細胞内のい
ろいろな器官によって行われています[1]。その流れを図10-6
に示しました。粗面小胞体のはたらきは、リボソームで合成
されたタンパク質を取り込み濃縮して貯蔵することです。滑
面小胞体は、各種の細胞内代謝に関わっており、とくにステ
ロイドの合成や、脂質・糖などの代謝に関係しています。

　乳牛は泌乳中には、タンパク質の合成の場である小胞体は
著しく発達します。ゴルジ体は、乳糖合成やカゼインのリン

[1] 細胞内には核とともに、リボソーム（タンパク質合成の場）、小胞体（細胞内の物質輸送などの機能をもつ）、ゴルジ体（細胞内の分泌物を合成するなどの機能をもつ）、ミトコンドリア（エネルギー生成の場）などが存在します。小胞体には、膜の表面に球状のリボソームが付いた粗面小胞体とリボソームが付いていない滑面小胞体があります。

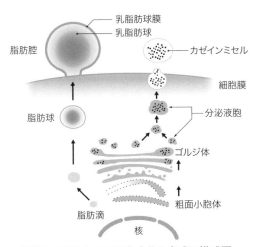

図10-6　乳腺上皮細胞における乳成分の合成の模式図
(Keenan、1974、『畜産学入門』より)

[注]この図は電子顕微鏡写真をもとに模式的に作製されたものです。

酸化[1]を行うとともに乳糖やタンパク質を包み込んで分泌する役割を果たしています。

　小胞体において脂肪酸とグリセリンが結合してできた脂肪滴は、乳腺細胞内で次第に大きくなって脂肪球となり、脂肪球膜に覆われて腺胞内に放出されて乳脂肪になります。カゼイン、乳糖、カルシウム、クエン酸は、乳腺上皮細胞内のゴルジ装置でつくられた小胞に詰め込まれて分泌液胞になり開口分泌（細胞内から細胞外に放出する機構）により、腺胞腔に放出されます。図10-6にはカゼインのみが記載されていますが、同じ経路で乳糖、カルシウム、クエン酸が分泌されます。水とイオンは自由に細胞膜を透過します。

　以下、乳腺上皮細胞内における牛乳の主成分（タンパク質、乳糖、脂肪）の合成についてもう少し詳しく見ていきます。

● 細胞内における乳タンパク質、乳糖、脂肪の合成のしくみ

　乳タンパク質　乳腺上皮細胞における乳タンパク質の合成は、他の細胞と同じように、小胞体が結合しているリボソームの上で起こります。その模式図を図10-7に示しました。血液中の遊離アミノ酸は、乳腺上皮細胞内に吸収されタンパク質合成に使われます。乳タンパク質の合成は、まず、核内のDNAによりmRNAが合成され、情報の伝達よりアミノ酸配列が決まります。mRNAは核膜孔から核外に出ていき、

1 各種の有機化合物、とくにタンパク質にリン酸基を付加させる化学反応で、リン酸化を触媒する酵素は一般にキナーゼと呼ばれます。

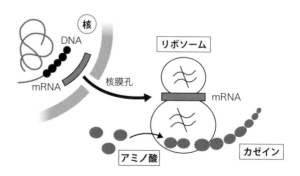

図10-7　乳タンパク質の合成の模式図

（小原嘉昭、2021）

リボソームと結合します。リボソーム上でmRNAのアミノ酸配列に基づいて運ばれてきたアミノ酸が網状につながったポリペプチド鎖が形成されます。そして、それが折りたたまれて立体構造をとり、乳タンパク質であるカゼインが合成されます。

　乳糖（ラクトース）　乳糖はグルコースとガラクトースが結合した二糖類で、乳腺上皮細胞内のゴルジ体という小器官で血液のグルコースを材料として乳糖合成酵素[2]により、グルコースとUDP–ガラクトースから合成されます（図10-8）。乳糖の前駆物質はグルコースで、乳糖の約80%は血中グルコースに由来します。ガラクトースに転化するグルコースは、吸収されたグルコース以外に乳腺内で合成されたグルコースも利用されます。

　合成された乳糖は、ゴルジ体から分離して小胞になり乳腺胞腔に分泌されます。乳糖を含むゴルジ体小胞は、浸透圧を平衡に保つために水分を吸収して膨張していき、ゴルジ体から分離して分泌液胞になり細胞膜面からタンパク質や水分とともに分泌されます。

　乳脂肪　牛乳の脂質は、すべて乳腺上皮細胞で合成されます。脂肪やリン脂質の構成成分である脂肪酸の合成も乳腺で行われます。乳腺で合成されるのは、炭素数4〜14個までの

[2] 乳糖合成酵素は、ガラクトシルトランスフェラーゼとα–ラクトアルブミンの2つのサブユニットにより構成されています。ガラクトシルトランスフェラーゼは乳腺上皮細胞内のゴルジ体に局在しており、粗面小胞体から送られてきたα–ラクトアルブミンと結合することによって乳糖合成酵素の機能を発揮します。

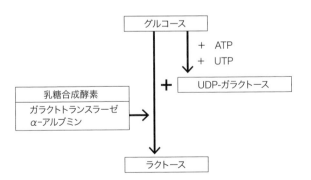

図10-8　乳腺上皮細胞における乳糖の合成の模式図

（小原嘉昭、2021）

[注] UDP-ガラクトースは、UDPG（グルコース-6-リン酸から合成される高エネルギー化合物）から転化したもので、高エネルギー化合物であるATP（アデノシン三リン酸）やUTP（ウリジン三リン酸）とグルコースからつくられます。

脂肪酸と炭素数16個のパルミチン酸です。これらの脂肪酸は、ルーメン内で産生された酢酸やβ-ヒドロキシ酪酸からつくられます。炭素数16以上の長鎖脂肪酸は血液中から供給されます。ヒトでは乳脂肪の脂肪酸はグルコースからつくられますから、ヒトの乳とウシの乳の脂肪酸組成は大きく異なります。

乳腺に吸収される血液中の脂肪は、毛細血管の血管内皮細胞に局在するリポタンパク質リパーゼにより遊離脂肪酸とグリセロールに分解されて乳腺上皮細胞に取り込まれます[1]。

そして脂肪酸は、乳腺上皮細胞内の小胞体においてグリセロールと結合して脂肪滴が形成されます。脂肪滴は、脂肪滴自身の拡張と脂肪滴同士の融合によって細胞内で次第に大きくなって脂肪球になり、脂肪球膜に包まれて腺胞腔に分泌されます。

[1] 遊離脂肪酸は、長鎖の飽和脂肪酸や不飽和脂肪酸です。乳腺に吸収された長鎖脂肪酸は、そのまま利用されるのではなく、再構成が行われてから乳脂肪合成に利用されます。乳脂肪の脂肪酸組成は、飼料の脂肪酸組成に大きく影響されます。

ウシ乳腺上皮細胞における脂肪酸の代謝調節

ウシ乳腺上皮細胞を用いて脂肪酸の機能について、インビトロの実験が行われています。脂肪酸は、トリグリセリドを細胞内に蓄積させる作用を示します。この効果は、脂肪酸の炭素数（C）に依存しており、$C16 \sim C18$の脂肪酸で、その効果が顕著です。C2やC4の短鎖脂肪酸でも、その効果は認められますが大きくありません。また、細胞内のトリグリセリドの蓄積は、脂肪酸の濃度に依存して増加し、飽和脂肪酸よりも不飽和脂肪酸の効果が大きくなります。C18などの脂肪酸は、脂肪代謝に関連する酵素や種々の機能性物質の遺伝子発現を濃度依存的に調節しています。長鎖の脂肪酸は、食欲と代謝を調節する作用をもつレプチンや脂肪酸の輸送体であるCD36およびカゼインの遺伝子発現を増大させます。長鎖の脂肪酸が乳腺上皮細胞において脂肪の合成だけでなく、代表的な乳タンパク質であるカゼインの発現を増加させて細胞の分化を促進させる可能性があることは興味深いことです。

この実験から、脂肪組織から動員される遊離脂肪酸が乳腺上皮細胞の乳合成の調節に直接関与するという、栄養素による乳分泌調節機構が存在することが明らかになりました。

11 泌乳の内分泌制御と成長ホルモン

1 乳腺の発達と泌乳を調節するホルモン

　泌乳牛においては、採食による飼料の摂取、消化管での消化と栄養素の吸収、体内における中間代謝と体組織への栄養素の配分、乳腺での乳合成と分泌が一連の生体反応として機能しています。これらの反応は、さまざまな生理活性物質により調節されています。とくに、乳腺の発達から泌乳の開始と維持に至るまでの過程を調節する内分泌調節は重要です。

　乳腺の発育と泌乳のホルモン支配について図11-1に示しました。ホルモンは、妊娠から泌乳に至る過程で重要な役割を果たしており、泌乳調節に複雑に関与しています。乳腺の発育、泌乳の開始および泌乳の維持は、性ホルモンや代謝性ホルモンなど、さまざまなホルモンが複雑に絡み合って調節されています。以下、泌乳の内分泌調節について見ていきます。

●乳腺の発育に大きく影響する各種のホルモン

　乳腺の発育は、性成熟から妊娠中期までは主として乳管系が発達します。乳腺胞は妊娠中期から急速に形成され始め妊娠末期にほぼ完成します。胎生期における乳腺の発育にはホルモンを必要としませんが、性成熟以降はホルモンの影響が大きく影響します。

　妊娠すると、卵巣から黄体ホルモン（プロゲステロン）と卵胞ホルモン（エストロゲン）、胎盤から胎盤性ラクトゲン、

下垂体前葉からプロラクチンと成長ホルモンが分泌されます。プロゲステロンの血中濃度は、妊娠期を通じて上昇して乳管の枝分かれや乳腺胞の発達を促進します。

また、エストロゲンも乳腺胞の発達を促進するとともに乳管の伸長を促します。エストロゲンの血中濃度は、妊娠中期以降上昇して分娩直前で最高値に達します。この時期は、乳腺胞の増殖が最大に達する時期に一致します。グルココルチコイドは乳腺細胞の分化に重要と考えられています[1]。

プロラクチンと成長ホルモンは、乳腺の発育に関与するとともにプロゲステロンとエストロゲンの分泌を調節します。さらに、インスリン様成長因子-I（IGF-I）と副腎皮質ホルモンであるグルココルチコイドも乳腺機能を発達させます。

●泌乳開始の引き金となるホルモン

性ホルモンであるプロゲステロンの血液中の濃度は、分娩の2〜3日前に急激に低下します。一方、血液中のプロラクチン濃度は、分娩前後に著しく上昇してきます。さらに、分娩時には、血液中のグルココルチコイド、成長ホルモン、オキシトシン濃度が増加します。泌乳開始の引き金は分娩直前

[1] グルココルチコイドは、乳腺細胞の粗面小胞体やゴルジ体の分化に重要な役割を果たします。

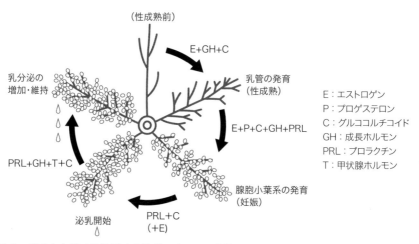

図11-1　乳牛における乳腺発育と泌乳のホルモン制御

（上家哲、1987、『反芻動物の栄養生理学』より）

のプロゲステロンの低下とプロラクチン、グルココルチコイドの上昇であると考えられています。

　また、乳の分泌を開始するにはインスリン、グルココルチコイド、プロラクチンが必要です。インスリンは細胞の生存に、グルココルチコイドは細胞の分化に、プロラクチンは乳の生合成に不可欠です。したがって、プロゲステロン分泌が低下するとプロラクチンの分泌が増加してきて、その作用が重要になってきます。プロラクチンは、泌乳開始と泌乳初期の乳量、乳成分、乳腺細胞の分化に関わっているホルモンとして知られています[2]。

●泌乳の維持に関わるホルモンと乳牛の特異性

　泌乳開始後の泌乳の維持は、主として成長ホルモン、プロラクチン、グルココルチコイド、甲状腺ホルモン、IGF–I、インスリンによって調節されています。

　プロラクチンは、催乳ホルモンとして知られており、乳の産生を促進するホルモンです。ヒト、ゲッ歯類、ブタなどではプロラクチンが欠損すると泌乳を維持することができませんが、乳牛では血中プロラクチン濃度は泌乳量の変動に影響しません。これは、反芻動物がもつ特異性です。

　乳牛において、泌乳に関して最も重要なホルモンは成長ホルモンです。泌乳牛の血中の成長ホルモン濃度は、泌乳初期に最高値を示し乳期の進行にしたがって徐々に低下します。この変化は乳量と相関します[3]。成長ホルモンの作用については、次項で述べます。

　また、グルココルチコイドは泌乳の開始と維持に不可欠なホルモンです。甲状腺ホルモンは体組織における酸素消費量を増加させると同時に、泌乳に必要な栄養素である糖質、脂質、タンパク質の代謝を活性化するはたらきがあります。

　乳の排出を調節するオキシトシン[4]も泌乳の維持に必要なホルモンです。オキシトシンは、乳腺において乳腺胞や細乳

[2] 成長ホルモンも泌乳開始とともに上昇しますが、泌乳開始における成長ホルモンの役割については明らかになっていません。

[3] 乳牛では、成長ホルモンの投与は乳量を増加させますが、実験動物ではその効果は見られません。

[4] オキシトシンは、子ウシの乳を吸う行為や搾乳による神経刺激を受けて視床下部の神経核で産生され、下垂体後葉に蓄えられ血液中に分泌されます。

管に分布する筋上皮細胞を収縮させて乳汁を排出させます。

2 乳生産と成長ホルモン

◉泌乳量が多いウシは血中の成長ホルモン濃度が高い

　乳量が多いウシであるフリージアン（ホルスタインとも呼ばれます）と乳量が少ないウシ（ヘレフォードという肉用牛とフリージアンとのF_1）とで、乳量と血液中のホルモン濃度の泌乳開始後の変動を比較した実験があります。

　実験結果を図11-2に示しました。この実験では、乳量の

[注]この実験は、乾乳期と泌乳開始後40日から180日までの泌乳期において行っています。乳量が多いウシでは、泌乳曲線は泌乳開始後80日でピークに達して25kg/日となり、その後15kg/日まで低下しました。乳量が少ないウシでは泌乳曲線に大きなピークは見られず乳量は8～10kg/日でした。血中の成長ホルモン濃度は、泌乳開始後40日では乳量が多いウシで8ng/mL、少ないウシで2ng/mLと大きな差が見られました。泌乳期間中、血中の成長ホルモン濃度の変化と乳量の変化は平衡していました。血液中のインスリン濃度は、乳量が少ないウシで乳量が多いウシの倍以上の高い値を示しました。

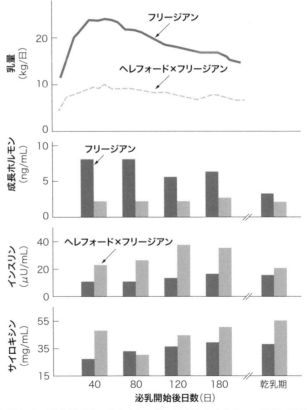

図11-2　泌乳量が多い牛と少ない牛の乳量と血中ホルモン濃度の推移
(Hartら、1978、『新乳牛の科学』を改変)

多いウシは、乳量の少ないウシと比較して血中の成長ホルモン濃度が有意に高くなりインスリン濃度は逆に有意に低くなりました。このことから、泌乳牛において乳量が多くなる要因としては、血中の成長ホルモンが高くなり、インスリンが低くなることが重要であると考えられます。

●スーパーカウにおける泌乳の内分泌調節

泌乳牛の乳量は、305日の泌乳期間で9,000kg近くまで達し、最近では2万kgを超えるスーパーカウと呼ばれる乳牛が全国で100頭以上も出現してきています。スーパーカウは、どのようにして2万kgもの乳を生産できるのでしょうか？　スーパーカウの高泌乳の原因を探る生理学的研究はほとんどなされていません。唯一、上家博士らがスーパーカウと対照乳牛の乳量、血漿ホルモン濃度について比較した実験を行っています。

その実験結果を表11-1に示しました。この実験では、スーパーカウでは普通の高泌乳牛と比較して、血液中の成長ホルモン濃度が有意に高くなっていました。スーパーカウの乳量が多いのは、下垂体前葉にある成長ホルモンを分泌する細胞が活性化していて成長ホルモンの放出が多くなっているため

表11-1　スーパーカウと対照牛における乳量と血液ホルモン濃度の比較

動物	使用頭数	年齢（歳）	産児数（回）	泌乳ステージ（月）	乳量（kg/日）	血漿ホルモン濃度		
						GH（ng/mL）	IGF-I（ng/mL）	インスリン（μU/mL）
スーパーカウ	4	5.8	4	3.2	62.5±1.1*	3.0±0.4 *	27.0 ±3.0	11.8±2.5+
対照牛	8	4.5	3	3.0	27.0±2.8	1.6±0.3	34.0±10.2	19.0±2.1

＊有意差あり　（P>0.05）　　＋　傾向あり（0.05 <P <0.10 ）

[注]この実験は、年齢、分娩数、泌乳ステージが似かよった分娩後3か月のスーパーカウと平均的な乳量の泌乳牛を比較しています。乳量は、スーパーカウでは1日62kgと対照牛の乳量27kgと比べて倍以上と高く、血漿成長ホルモン濃度はスーパーカウで3.0ng/mLで対照牛の1.6ng/mLと比較して有意に高い値を示しました。血漿インスリン濃度はスーパーカウで11.8μU/mLと対照牛の19.0μU/mLと比較して低くなる傾向を示しました。

（上家哲ら、1993）

と思われます。また、スーパーカウでは、成長ホルモンの制御下において、グルコースをはじめとして、酢酸、アミノ酸、脂肪酸などの栄養素を乳腺へ分配する機構がすぐれているのではないかと考えられます。

3 成長ホルモンによる増乳効果のメカニズム

　反芻動物である乳牛において、成長ホルモンは、催乳ホルモンとして乳腺発育や泌乳の維持に不可欠なホルモンであるばかりでなく、増乳効果があることが知られています。これは、非反芻動物においてプロラクチンが催乳ホルモンであることと比較して泌乳生理上大きく異なる点です。

　泌乳牛において成長ホルモンが最も重要な生理活性物質であることが明らかにされ、バイオテクノロジーの技術革新と相まって、成長ホルモンの酪農分野における応用研究が行われています。

◉泌乳牛のグルコース利用におけるソマトトロピン軸の役割

　乳牛のソマトトロピン軸とは、視床下部、下垂体前葉から乳腺に至るまでの成長ホルモンの制御系をいいます。私たちは、泌乳牛におけるグルコース代謝に対するソマトトロピン軸の役割を解明する実験を行っています（1995〜2000）。この実験で、泌乳時のグルコースの代謝には、成長ホルモン放出因子、成長ホルモン抑制因子や成長ホルモン、IGF–Iなどのホルモンを介するソマトトロピン軸が大きく関与していることを確認できました。

　この実験結果をもとに作成した泌乳牛における成長ホルモンによるグルコース代謝の調節と乳量増加の機構（図11–3）について考察を交えて説明します。

◉グルコースを優先的に乳腺に送り込むしくみ

　下垂体前葉で分泌される成長ホルモンは、視床下部から分

泌される成長ホルモン放出因子や成長ホルモン抑制因子によって調節されています。血液中の成長ホルモンの上昇はインスリン抵抗性を強めます。そして、インスリン感受性の強い組織である筋肉組織や脂肪組織へのグルコースの取り込みを抑制します。このようにして、グルコースを優先的に乳腺に送り込み乳糖の合成を活発にして乳量を増加させるのです[1]。

また、成長ホルモンは乳の重要な基質であるグルコースを確保するために、主として肝臓においてプロピオン酸や糖源性アミノ酸からの糖新生を活性化します。さらに、インスリン非感受性組織である脳・神経系や腸管のグルコースの取り込みをも抑制すると思われます。乳糖合成の材料であるグルコースを乳腺以外の組織で利用することをできるだけ抑制して、グルコースを乳腺に送り込むのです。

血中成長ホルモン濃度の上昇は、肝臓から IGF–I の放出を増加させます。IGF–I はインスリンに似た構造をもつこと

[1] グルコースが細胞内に取り込まれる場合、細胞内や細胞膜上にあるグルコーストランスポーターが機能します。グルコーストランスポーターは、グルコース輸送体といってグルコースの細胞内取り込みを行う膜タンパク質です。インスリンに依存しないでグルコースを取り込むのにはたらくグルコーストランスポーター1は、泌乳期において乳腺での発現が増大しています。一方、脂肪組織などに発現しているインスリンに依存してグルコースの輸送を担うグルコーストランスポーター4は成長ホルモンにより抑制されます。

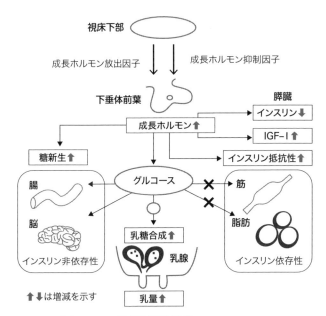

図11-3　乳牛における糖代謝調節機構
（小原嘉昭、2021、『ルミノロジーの基礎と応用』より）

から、インスリン受容体への結合がインスリンと競合して本来のインスリンによる細胞内伝達を低下させます。このことにより筋肉や脂肪組織の細胞内へのグルコースの取り込みが減少するのです。

　体内ではグルコースはエネルギーとしての利用やグリコーゲンや体脂肪合成としての利用は抑制され、乳腺での乳糖合

ソマトトロピン軸の役割を解明する実験とは

　実験方法　私たちが行った泌乳牛におけるグルコース代謝に対するソマトトロピン軸の役割を解明する実験の手法と結果について説明します。

　泌乳牛を用いて成長ホルモン放出因子、成長ホルモン抑制因子や成長ホルモンを頸静脈より注入して泌乳牛の血液中のグルコースなどの代謝産物の動態、成長ホルモン、インスリン様成長因子 –I（IGF–I）、インスリンなどの経時変化を観察しました。実験では成長ホルモンなどの頸静脈内への連続注入、インスリン・クランプ法、安定同位体で標識した ^{2}H– グルコースによる同位元素希釈法などの手法を用いました。

　インスリン・クランプ法では、インスリンを定速注入して血液グルコース濃度を低下させます。この時、一定間隔（本実験では10分おき）で採血して直ちに血糖値を測定して、可変量のグルコースを注入して血液グルコース濃度を一定に維持してやります。注入するグルコース量が、生体のインスリン感受性と相関す

ることから、インスリン抵抗性の評価に利用されています。ヒトでは実際の医療現場で、糖尿病とインスリンの関係を調べる目的で使われています。乳牛において、インスリン・クランプ法を用いて実験を行ったのは世界で私たちの研究グループだけです。

　インスリン抵抗性とは、生体の細胞がグルコースを取り込むのにインスリンの効果が出にくい状態をいいます。ヒトでは、この状態が続くと血糖値だけではなく血圧や血中脂質のコントロールにも異常が生じ、その結果、糖尿病や高血圧、脂質異常症が起こり、それらが重なってメタボリックシンドロームなど、さまざまな生活習慣病の発生が促進します。

　同位元素希釈法では、動物の生体内に同位元素たとえば放射線をもたない同位元素である安定同位体の ^{2}H– グルコースを頸静脈内に定速で連続注入して、経時的に採血して同位体元素のレベルを測定します。そして、同位体の希釈割合から体内のグルコースの総量（プールとい

成のために使われます。さらに、生命の維持に必須の脳・神経系や消化管などのグルコースの消費はインスリン非依存性ですが、これらも可能な限り抑制するようにはたらくのです。

◉成長ホルモンによる乳生産増加のしくみ

図 11-5 に、成長ホルモンの乳生産増加機構を示しました。前述しましたように、成長ホルモンはインスリン抵抗性の増

う）と単位時間当たりのグルコースの代謝量や産生量などを推定する方法です。

実験結果 泌乳中・後期の乳牛においては、成長ホルモン放出因子や成長ホルモンの注入により乳量は増加しインスリン抵抗性が増大しました。この時のインスリン抵抗性の増加には、成長ホルモンやIGF-Iの上昇が関係していました。

図 11-4 に、成長ホルモン投与による泌乳中・後期における泌乳牛の体内におけるグルコースの代謝量の割合の変動について示しました。成長ホルモンを投与しない泌乳牛のインスリン依存性のグルコースの代謝量は、体内で代謝される全

グルコース量の 15％前後にすぎませんでした。また、乳腺においては、76％と多くのグルコースが使われていました。乳腺以外の組織によるインスリン非依存性のグルコースの代謝量は 9％でした。

泌乳牛に成長ホルモンを投与してやると、乳量が増加し泌乳牛の乳腺でのインスリン非依存性のグルコース代謝量は83％に増加しました。また、インスリン依存性のグルコース代謝量は10.4％と低下しました。また、成長ホルモンの投与は乳腺以外のインスリンに依存しない組織である腸管や脳神経系のグルコースの代謝量も 7％以下に減少させました。

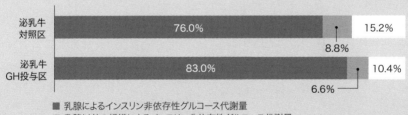

■ 乳腺によるインスリン非依存性グルコース代謝量
■ 乳腺以外の組織によるインスリン非依存性グルコース代謝量
□ インスリン依存性グルコース代謝量

図11-4　成長ホルモン投与時の泌乳牛の体内におけるグルコースの代謝量の割合
（小原嘉昭、2006、図11-3と同じ資料を改変）

強や糖新生を活性化することにより乳腺に送り込むグルコースの量を増加させて乳糖の産生を盛んにします。また、成長ホルモンは脂肪組織にはたらいて遊離脂肪酸を放出させて、乳腺に送り込んで乳脂肪の合成量を増加させます。さらに、成長ホルモンは体内のアミノ酸や飼料タンパク質由来のアミノ酸を乳腺に送り込んで乳タンパク質を増加させます。

　成長ホルモンは、肝臓に作用してIGF-Iを分泌させ心臓からの心拍出量や乳腺への血流量を上昇させます。成長ホルモン投与による乳量増加は、乳腺血流量の増加による栄養素の供給量の増加によるところが大きいと思われます。成長ホルモンは、IGF-Iを介して乳腺での血流量を増加させて乳合成の材料となるグルコース、アミノ酸、遊離脂肪酸などの栄養素を多量に乳腺に送り込んで乳量を増加させているのです。

　さらに興味深いことに、乳牛の乳腺上皮細胞の細胞膜上に

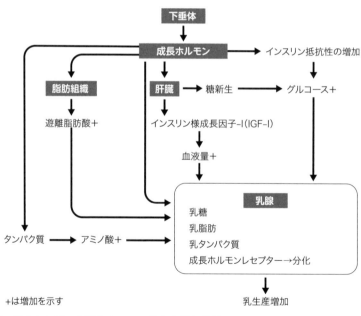

図11-5　乳牛における成長ホルモンの乳生産増加機構

（小原嘉昭、2012、『畜産学入門』より）

は成長ホルモンの受容体（レセプター）が存在しています。成長ホルモンがこのレセプターと結合すると、その情報が細胞内に伝わって分化が促進されカゼインの合成が増加します。また、成長ホルモンは細胞死といわれるアポトーシスの抑制を促進します。このようにして、成長ホルモンはウシ乳腺上皮細胞の機能を直接調節して乳生産を増加させる作用があると思われます。

　泌乳牛における泌乳曲線を見ると、泌乳中・後期において乳量が減少します。この時期、飼料給与の工夫により栄養素の供給によりソマトトロピン軸を活性化して乳量を増加させる飼養技術の改善が可能であると考えられます。酪農現場における栄養飼養面の改善による乳生産量の増加は、給与飼料に含まれるある種の栄養素が成長ホルモンの分泌を促進しているのではないかと思われます。

●合成ウシ成長ホルモンの驚くべき増乳効果

　乳牛における成長ホルモンの増乳効果についての研究は、1937 年、ロシアの科学者が下垂体の抽出物を泌乳牛に注射して乳量が増加することを報告したのが最初です[1]。1986 年、コーネル大学とモンサントの研究チームは合成ウシ成長ホルモンを高泌乳牛に長期間にわたって筋肉内注射をして乳生産への影響を観察する試験を行い、乳量が最大で 41.2% も増加するという驚くべき成果を発表しました（→ p.124）。そして、この試験結果は 1993 年の合成ウシ成長ホルモンの酪農現場での使用開始につながりました[2]。

　私は、合成ウシ成長ホルモンを使用してこれ以上乳量を増やしていく酪農技術には疑問をもっています。これまで、飼養技術による泌乳量の増加は、乳牛に給与される飼料の中に含まれる栄養素、たとえばアミノ酸、ペプチドなどが内因性の成長ホルモンの増加による可能性が考えられます。酪農現場において、乳牛の健康を維持しながら、飼養面からの改善

[1] その後、1947 年、増乳効果をもたらす因子が下垂体前葉から分泌される成長ホルモンであることが明らかにされました。1960 年代になって、遺伝子工学技術を用いて哺乳動物のタンパク質を微生物につくらせる試みがなされました。1980 年代の初めにはウシ成長ホルモンの生産に成功しました。こうして組換えウシ成長ホルモンの大量入手が可能となりました。

[2] この試験では、合成ウシ成長ホルモンを毎日注射していましたが、その後、2週間あるいは 4 週間に 1 回注射する商品も開発されました。そして、アメリカ食品医薬品局は 1993 年 11 月、合成ウシ成長ホルモンの商品販売を許可しました。それ以来、アメリカをはじめ 20 数か国で成長ホルモンが酪農現場で使用されていますが、日本、EU では許可されていません。

で乳量を増やしてやることは重要であると思います。しかし、合成成長ホルモンを用いてまで乳量を増やしてやる必要があるでしょうか？　乳生産に関する技術開発は、持続可能な健全な酪農に役立つものでなければならないと考えています。

4 泌乳における脂肪組織の役割

　乳牛のエネルギー代謝は、エネルギーの摂取量と消費量のバランスにより成り立っています。脂肪組織は、生体のエネルギーバランスを調節するのに重要なはたらきをしています。また、脂肪組織は種々のホルモンやサイトカインなどの生理活性物質（アディポカイン）を分泌する生体内最大の内分泌器官といえます。

　乳牛においては、脂肪組織が内分泌器官としてインスリン抵抗性に積極的に関与している可能性が考えられます。泌乳牛におけるインスリン抵抗性に関与するアディポカインやグルコーストランスポーター（GLUT）などの糖代謝に関連する生理活性物質の遺伝子発現の特性が小松博士らによって明らかにされています（2003～2006）。その実験結果から得

脂肪組織で産生・分泌されるアディポカイン

　アディポカイン（アディポサイトカイン）は、生体のエネルギーバランス、免疫およびインスリン感受性の変化に関係しています。脂肪組織の主要な生理活性物質であるレジスチンは、インスリン抵抗性を上昇させる作用をもつことが知られています。ヒトでは肥満によって分泌が上昇し、糖尿病の原因の一つとも考えられています。

　また、アディポカインの一種であるアディポネクチンは、インスリンを介さないで細胞のグルコースの取り込みを促進する作用、インスリン受容体の感受性を上げる作用、動脈硬化を抑制する作用、抗炎症作用、心筋肥大抑制など多くの作用を有しています。レプチンは、主に脂肪組織で産生され体重調節や脂肪代謝、食欲抑制に重要な役割を果たしています。

られた泌乳牛の脂肪組織によるグルコース代謝の内分泌制御
について図11-6に示しました。

　泌乳最盛期の脂肪組織では、インスリン非感受性のGLUT1
の発現量が減少していました。また、PPARr[1]が低下して、
脂肪細胞の分化を抑制する作用を示しました。さらに、イン
スリン抵抗性を増加させる作用をもつレジスチンの発現量が
増加し、細胞のグルコースの取り込みを増加させる作用をも
つアディポネクチンの低下が観察されました。これらの現象
は、泌乳期において脂肪組織が中心になってインスリン抵抗
性を更新させ、乳腺へのグルコース供給量を増加させている
ことを示唆しています。

　脂肪組織における食欲抑制作用をもつレプチンの低下は、
採食量を増加させ体内のグルコースの量を増加させます。

　泌乳期におけるグルコース利用の主要組織である乳腺組織
では、GLUT1の発現が高くなっており、乳生産のために乳
腺でのグルコースの取り込みがスムーズに行われていること
がうかがわれました。以上、乳生産には脂肪組織が重要な役
割を担っていることが明らかになりました。

[1] 脂肪細胞の分化や脂肪蓄積の調節、インスリン作用などに関与している細胞の核内にあるホルモン受容体の一つです。

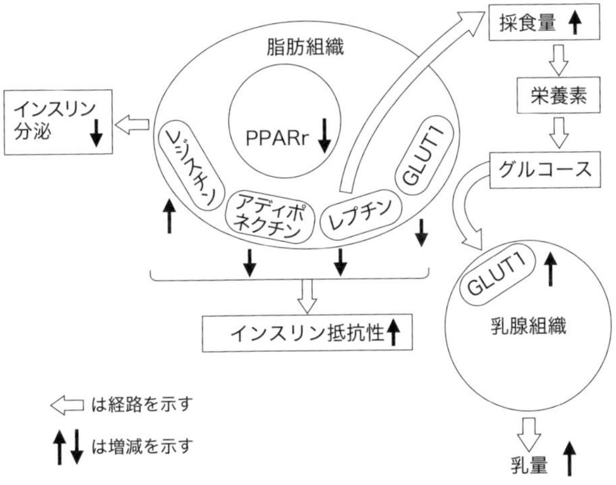

図11-6　泌乳期における脂肪組織によるグルコース代謝の内分泌制御
（小原嘉昭、2006、図11-4と同じ資料より）

合成ウシ成長ホルモンによる増乳試験

コーネル大学とモンサントの研究チームが行った合成ウシ成長ホルモンを用いた増乳試験について説明します。分娩後84日から188日までの長期間にわたって、遺伝子工学によって大腸菌につくらせたウシの成長ホルモンを高泌乳牛に筋肉内注射する実験を行いました。用いた合成ウシ成長ホルモンは、ウシ下垂体由来の成長ホルモン(アミノ酸残期191個)のN末端アミノ酸の前にメチオニンの入った192個のアミノ酸残基からなるメチオニル成長ホルモンです。

305日間の乳量が約9,600kgの産乳能力をもつ高泌乳牛群に、合成ウシ成長ホルモンを1日当たり13.5、27.0、45.0mgを投与した区と、ウシ下垂体より抽出した成長ホルモン27.0mgを投与した区について乳量の変化を比較しました。その結果、成長ホルモン投与期間中の乳量が、ウシ下垂体成長ホルモンを投与した区で16.5%、合成ウシ成長ホルモン投与区で23.3〜41.2%増加するという驚くべき結果が得られました。

図11-7に、合成ウシ成長ホルモン27mgを投与した区と対照区において乳量の変化を比較した結果を示しました。対照区と比較して合成ウシ成長ホルモン投与区では乳量は32.6%増加しました。この時、飼料摂取量による正味のエネルギー摂取量も増加しました。合成ウシ成長ホルモンの投与は、摂取する飼料の量を増加させ、それを栄養源にして乳量を増やしていることがうかがわれました。

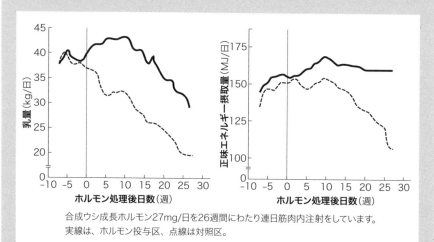

合成ウシ成長ホルモン27mg/日を26週間にわたり連日筋肉内注射をしています。
実線は、ホルモン投与区、点線は対照区。

図11-7 遺伝子工学による合成ウシ成長ホルモンの増乳効果とエネルギー摂取量
(Baumann & McCutcheon、1986)

12 乳牛の健康と これからの乳生産

1 妊娠・泌乳・乾乳と乳生産

●現代の酪農における乳牛の一生と飼養技術の特徴

　現代の酪農では、雌の乳牛はふつう生後13〜16か月で人工授精により妊娠します。母ウシは、ヒトとほぼ同じ約10カ月の妊娠期間を経て出産（分娩）すると乳を分泌するようになります。生まれた子ウシには、分娩直後に分泌される受動免疫を担う免疫グロブリンに富む初乳が与えられます。その後、子ウシは直ちに母ウシから離され、離乳まで人間によって代用乳が与えられ飼育されます。

　一方、母ウシ（乳牛）は分娩6日後からほぼ300日間にわたって搾乳が行われ、人間が利用するための牛乳を出し続けます。さらに乳牛は分娩後、85〜110日で、搾乳中にもかかわらず再び人工授精によって妊娠します。このようにして、乳牛は妊娠期間中でも大量の乳を出し続けているのです。

　乳牛は分娩前のほぼ60日間は、搾乳を休む乾乳期に入ります。この時期は胎児である子ウシが急速に成長する時期ですから、乳房を休ませる意味で重要な期間であると考えられています。乾乳期はそれだけでなく、母ウシのストレスの解消、ルーメン機能や肝機能の回復や胎児への栄養補給、次の泌乳に向けての養分の蓄積、乳腺組織の回復、乳房炎の治療など乳腺を再生するための期間として重要なのです[1]。

[1] 乾乳期の後半、分娩3週間前からは次の泌乳に向けた準備が本格化する時期で、移行期（乾乳後期）と呼ばれ、飼養管理にあたって重要な時期になります。

現在の乳牛は遺伝的な改良が進み、また飼養技術の向上もともなって妊娠中にもかかわらず大量の乳を生産します。しかし、乳牛は数回の妊娠と分娩を繰り返すと、泌乳量が落ちてきますので、経済的な理由から廃用になります。かつては、乳牛は4〜6回の分娩を経て廃用にしていましたが、最近ではなんと2〜3回の分娩で廃用にします。このことは、現在の酪農にとって一つの問題点であると思います。

● **泌乳曲線と技術のポイント─泌乳最盛期の効率的な種付け─**

　乳牛の泌乳曲線と妊娠、泌乳期、乾乳期の関係について図12-1に示しました。分娩後、泌乳量は急激に増加して、分娩後50〜60日で泌乳量は最大になります。その後、徐々に低下して、ほぼ300日で乾乳期を迎えます。泌乳期は、泌乳前期、中期、後期に分けることができ、泌乳量が多い時期を泌乳最盛期といいます。こうした乳牛における泌乳は、妊娠してはじめて成立する生理現象なのです。したがって、雌ウシに対して人工授精により効率的に種付けをすることが、酪農経営において重要なポイントになります。

　泌乳牛の乳量は、ふつう泌乳期間305日の総乳量で示されます。現在、日本における泌乳牛1頭当たりの総泌乳量

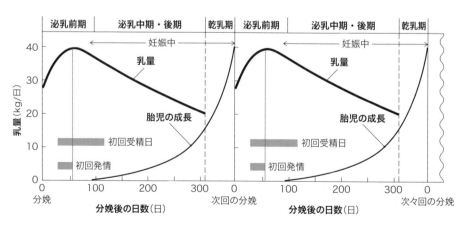

図12-1　乳牛の泌乳曲線と妊娠、泌乳期、乾乳期の関係（模式図）

（小原嘉昭、2021）

は9,000kgに近づいています。乳牛は分娩をして次の泌乳に向けて妊娠しなければなりませんが、乳牛の初回受精日は分娩後45〜129日で大きな個体差が見られます。初回発情が起こるまでの日数は分娩後26〜61日であり、高泌乳牛では遅れる傾向にあります。したがって、いかに早く種付けをして妊娠させるかが酪農技術の重要なポイントなのです。

　乳量が増加すると繁殖成績が低下することが問題になっています。乾乳期や泌乳初期の飼養技術の向上などによって繁殖効率を上げることが重要ですが、難しい課題です。最近では、泌乳最盛期までの泌乳ピークをなだらかにして、周産期のエネルギーバランス（➡ p.131）が負に傾くのをできるだけ抑える飼養技術の開発が行われています（図12-2）。

2　周産期の栄養生理と「生産病」

● 「陣取り合戦」やエネルギー不足から起こる「生産病」

　乳牛（とくに高泌乳牛）の妊娠末期には、腹腔内で胎児とルーメンの「陣取り合戦」が行われています。分娩前は胎児の成長でルーメンが圧迫されることや分娩にともなう内分泌

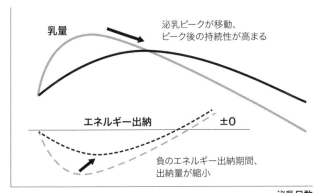

図12-2　泌乳曲線の平準化によるエネルギーバランス改善（模式図）
（寺田文典、2015、『中酪情報』より）

機能の変化により乾物摂取量が低下します。この点から、乳牛における繁殖と栄養の関係を解明することはとくに重要な課題です。また、泌乳前期の分娩後3週間は、乳量の急激な増加に対して乾物摂取量の増加が追いつかなくなります。泌乳前期には体内に蓄積している養分を泌乳のために利用せざるをえなくなり、高泌乳牛ではこの時期に体重が減少します。この時、体脂肪の動員により血漿中の遊離脂肪酸濃度が急激に上昇します。その結果、乳牛はケトーシスや脂肪肝など、エネルギー不足に起因する疾病発生の危険性が高まります。さらに、乳牛のエネルギー不足が長期間続くと乳量の減少や受胎率の低下につながります。

　乳牛の代謝性疾患は、産業動物として量的にも、質的にも牛乳の過剰な生産が要求され、家畜の能力がそれに追いつかないために起こる病気です。このような疾病を「生産病」と

表12-1　周産期に起こる主な疾病の原因と症状

病名	原因と症状
ケトーシス	糖質や脂質の代謝障害によって、体内にケトン体（➡p.66）が過剰に蓄積し食欲不振や乳量減少などの症状を呈する疾病。
脂肪肝	乾乳期の過肥と分娩後のエネルギー不足のために、中性脂肪が肝臓に異常に蓄積した状態。
ルーメンアシドーシス	濃厚飼料多給に対してルーメン微生物が対応できずに、ルーメン内のpHが低下するなどルーメンが異常発酵を起こし、採食量の低下、反芻、咀嚼時間の低下、BCSの低下、下痢などを症状を呈する。
乳熱	分娩直前から分娩後2日以内に血中Ca濃度の低下のために起立不能に陥り、麻痺と意識障害を呈する。
ダウナー症候群	乳熱などの治療の遅れなどの要因によって、起立不能の状態が持続し、四肢、とくに後肢に虚血性麻痺が起こった起立不能の症候群である。
第四胃変位	第四胃運動の減退と胃内へのガスの貯留をともなって、急性あるいは慢性の消化器障害を呈する。
乳房炎	乳房内に侵入した細菌、真菌、マイコプラズマなどの微生物感染によって起こる乳腺組織の炎症をともなう疾病。
胎盤停滞	分娩後12〜24時間経過しても胎盤が排出されない状態。
産褥熱	難産などによる産道の損傷部位から細菌が感染して起こる疾病。

（小原嘉昭、2021）

呼んでおり、とくに周産期において深刻な問題です。表12-1に周産期に起こる主な疾病の原因と症状を示しました。

　乳牛の周産期疾病は、分娩前後に見られる疾病の総称です。乳牛の健康を維持して周産期をいかに乗り切るかは、酪農において最も重要な課題の一つです。

●深刻化する周産期疾病の原因と予防対策の基本

　周産期疾病の発生には、泌乳の開始という生理反応が深く関わっています。分娩前後における乾物摂取量の低下、胎児の発育、泌乳開始による負のエネルギーバランス、栄養管理の失宜によるルーメン機能の低下、低カルシウム（Ca）血症および免疫機能の低下などの要因が関与しています。

　乳牛の周産期疾病の予防対策の基本について図12-3に示しました。低Ca血症の予防、免疫機能低下の予防、負のエネルギーバランスの予防の3つがあげられます。

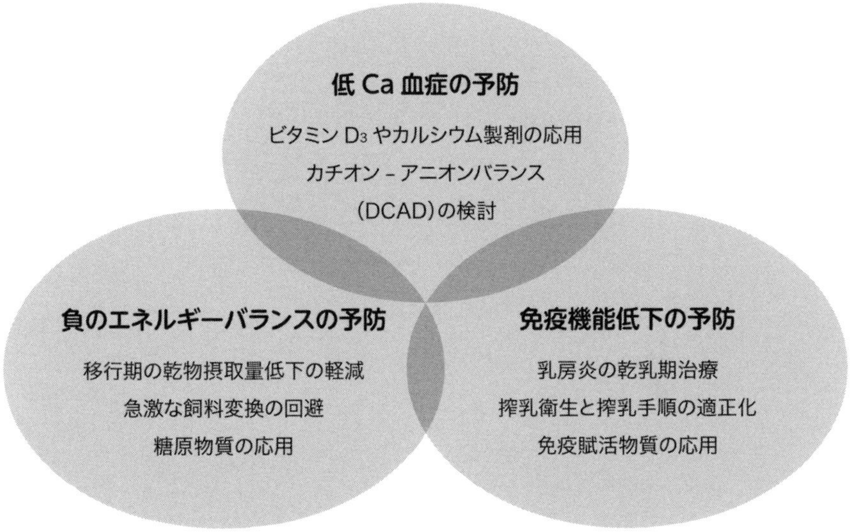

低 Ca 血症の予防
ビタミン D₃ やカルシウム製剤の応用
カチオン - アニオンバランス
（DCAD）の検討

負のエネルギーバランスの予防
移行期の乾物摂取量低下の軽減
急激な飼料変換の回避
糖原物質の応用

免疫機能低下の予防
乳房炎の乾乳期治療
搾乳衛生と搾乳手順の適正化
免疫賦活物質の応用

図12-3　周産期疾病の予防対策の基本

[注]DCADとは、飼料中の陽イオンと陰イオンとの関係を評価するもので、計算式としては $[(Na^+ + K^+) - (Cl^- + S^{2-})]$ などが用いられ、乾物100g当たりのミリ当量（mEq）で算出されます。

（佐藤繁、2006、『ルミノロジーの基礎と応用』より）

低 Ca 血症の予防　低 Ca 血症は、泌乳によって Ca が乳汁中へ多量に移行することと骨からの Ca の動員が遅れることによって起こります。また、分娩に際して子宮などの筋肉が多量の Ca を使うことも一つの要因として考えられます。血中の Ca が低下することが乳熱、ダウナー症候群、第四胃変位の原因になっています。

図 12-4 に示すように、乳牛では分娩後、泌乳が始まって 1 週間経って骨から血液への Ca の移行が始まり 3 週間で漸くピークに達します。分娩後 1 週間は骨からの Ca の供給は全く期待できないのです。このことが、乳牛において低 Ca 血症が発症しやすい要因になっています。

低 Ca 血症の予防には、高泌乳牛や経産牛に対してのビタミン D の筋肉内注射や分娩直前や直後における Ca 剤の給与などが有効です。また、乳熱の発症を防ぐには、飼料中の Ca 含量よりもカチオン – アニオンバランス（DCAD）が重要であることがわかってきました。現在、各種の塩類が給与さ

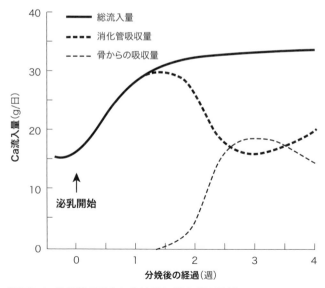

図12-4　分娩後の乳牛におけるCa流入量の動態
（内藤善久、2006、図12-3と同じ資料より）

れていますが、DCAD による低 Ca 血症の予防については、解決すべき問題が多く、一致した見解は得られていません。

免疫機能低下の予防　乳牛の分娩前後では、免疫機能、とくに末梢血中のリンパ球や好中球における免疫機能の低下が報告されています。リンパ球の免疫機能を示す幼若化反応[1]は、分娩前 1 週間から分娩日にかけて低下し始め分娩後 2 週間前後まで継続します。また、好中球の遊走や殺菌能および化学発光能は、分娩後 1 週間で著しく低下します。

　免疫機能の低下は胎盤停滞の一因となっており、分娩後の産褥熱や乳房炎の発生に関係します。免疫機能低下の予防対策としては、移行期の栄養管理の適正化を図ることが最重要課題です。また、乳房炎では乾乳期治療の徹底や搾乳衛生、搾乳手順の適正化につとめることが必要です。産褥熱では衛生的な分娩介助など病原体による感染を最小にする対策を講じます。その上で、免疫賦活化利用も考えられます。

負のエネルギーバランスの予防　乾乳期や移行期における飼養・栄養管理の適正化を図るなどして負のエネルギーバランスになるのを防いでやる予防対策を実施する必要があります。そのことにより泌乳量や繁殖成績の低下による損失やケトーシスや脂肪肝などの周産期疾病の発生を低減できるからです。とくに、高泌乳牛では、高栄養の飼料給与に注意を払うこと、飼料の急激な変更や分娩時の過肥を避けること、泌乳初期からを泌乳最盛期にかけてエネルギー要求量に見合った飼料を給与することが重要です。

　ケトーシスなどのエネルギー不足によって起こる疾病には、グリセロールなどの糖源性物質を分娩前後に投与する方法、プロピオン酸ナトリウム、ルーメンバイパスアミノ酸、ナイアシンなどを飼料に添加する方法などが効果をあげています。

　このように周産期疾病の予防には、飼養管理の改善を図り乾物摂取量の低下の軽減や急激な飼料変換の抑制など乾乳期

[1]　生体内では、感作リンパ球（免疫記憶細胞）が対応する抗原と接触すると DNA の合成が盛んになり、幼若化（芽球化）が起こり、分裂、分化します。試験管内でもこれと類似するリンパ球の幼若化反応を起こすことができ、免疫応答能を知る方法として利用することができます。

や移行期における栄養管理の適正化を図ります。その上で、低 Ca 血症、免疫機能低下の予防など各種疾病の予防対策を実施することが基本になります。

3 乳牛の健康と乳生産の両立のために

◉ 基本となるルーメンの発達・恒常性を考えた飼料給与

　乳牛の飼養に当たっては、「発酵タンク」であるルーメン内の微生物発酵を考えてルーメン内の恒常性を維持する飼料の給与が基本になります。乳牛の疾病は、生体の恒常性の乱れ、ルーメンの恒常性の乱れに起因するからです。

　子ウシ・育成牛はルーメンの発達が重要　哺乳子ウシでは、いかにして、ルーメン機能を発達させて離乳をさせるか、育成牛では、ルーメンをいかにして、大きくして立派な消化管機能をもたせるかが重要なポイントとなります。ルーメンという発酵タンクを、成牛になった段階でミルクタンクに必要な栄養素を送り込むようなすぐれた機能をもつようにしていくことが重要なのです。

　ルーメン pH の動きに注意を払う　乳牛が分娩して乳生産を行うようになると、乳量を高める目的で易発酵性炭水化物を含む高栄養の飼料が与えられます。そのため、ルーメン内で乳酸産生菌の勢いが増してきて pH が低下してアシドーシスになることが危惧されます。したがって、ルーメン pH の動きに注意を払って飼料給与を行うことが必要です。乳牛におけるルーメン内の発酵パターンが、摂取する飼料の種類、とくに粗飼料と濃厚飼料の比率や給与飼料中の粗繊維含量などによって変化することを考えて飼料設計を組み立てることが重要です。

　「急激な飼料の変更」をできるだけ避ける　発酵タンクであるルーメン内の恒常性を維持する意味で、「急激な飼料の変更」

をできるだけ避けることがきわめて重要です。とくに、周産期、移行期においては、乾乳期に入る、分娩をする、再び乳生産を行うことにより、飼料の給与方法を変えていかざるを得ませんので注意が必要です。この時、ウシのようすを観察しながらルーメン内の恒常性の乱れをできるだけ起こさせないように万全の注意を払うことが必要です。

反芻、胃運動などに注意を払う　そのためには、微生物によるルーメン発酵、ルーメン運動、唾液分泌、反芻、胃運動などが正常に行われているかに注意を払う必要があります。反芻や胃運動は、目視でその状況を判断できます。ウシに飼料を与えている時は、「ルーメン内の微生物に飼料を与えているんだ」という気持ちになることが重要かもしれません。

濃厚飼料はルーメン恒常性につながる給与回数に　泌乳牛に濃厚飼料の給与する場合、1日当たりの給与回数を増やしてやることで、ルーメン内のpHや短鎖脂肪酸濃度などの変動

ルーメン内の恒常性が維持される給与回数は？

　私たちは、泌乳牛を用いて、同位元素希釈法の実験を行う際、体内の物質の動きを定常状態にするために自動給餌装置を用いて濃厚飼料の給与回数を12回にする必要がありました。そこで、予備試験として給与する1日の給与飼料を2回、4回、12回に分割して給与する飼料区を3区設けて、ルーメン発酵の日内変動を比較する実験を行いました。その結果、1日4回の飼料給与では、1日2回の飼料給与と比較してルーメン内のpH、短鎖脂肪酸、アンモニア濃度の変動幅が大幅に小さくなり一定した値を示

し12回給与した場合に近づくことがわかりました。このことから、1日当たりの給与回数が4回でも安定してルーメンの恒常性が得られることが確認できたのです。先に紹介した1日6回給餌の実験結果（➡ p.71）ともそれほど大きな違いは見られないと思われます。ルーメン発酵に即座に影響する濃厚飼料を乳牛に給与する場合、普段行われている1日当たりの給与回数2回よりも、できれば1日の給与回数を増やしてやることがのぞましいと考えます。

幅が小さくなりルーメン内の恒常性が維持されます。さらに、微生物の産生が増えて微生物タンパク質量が増加します。泌乳牛の飼育に当たっては、ルーメン pH を安定的に維持してやり、ルーメン微生物の構成を正常に保って、抗酸化活性を高めるなどルーメン環境を適正に維持してやることが、健康な乳牛から良質な牛乳を生産するために必要です。

周産期疾病を予防、アニマルウェルフェアを基本に　周産期の適切な飼養管理によって、ルーメン内微生物叢を制御してルーメン内の恒常性を保ち、代謝機能や免疫機能を高め、乳牛を健康に飼育するようにつとめます。そして、脂肪肝や周産期疾病を予防して、繁殖機能を高め、乳生産を高めてやることが酪農の最大のポイントであると考えます。

アニマルウェルフェアを基本として、乳牛にストレスを与えないように十分に注意を払いながら、乳牛の飼養を行うように心がけることにより、乳牛を疾病から守り健康に飼育して乳生産を高めていきたいものです。

●牛乳中の脂肪酸組成と乳牛の健康状態

乳牛の乳脂肪の合成には 2 つの経路があります。一つはデノバ系といってルーメン発酵で生成された短鎖脂肪酸から乳腺で新たに合成されたものです。もう一つは飼料に含まれる脂肪成分から合成されるものでプレフォームド系といいます。また、体内の脂肪組織由来の遊離脂肪酸はプレフォームド系に分類されます。デノバ系の脂肪酸は、ルーメン発酵で産生された酢酸や β-ヒドロキシ酪酸を材料として乳腺でつくられる C4 から C14 の短鎖や中鎖の脂肪酸です。プレフォームド系の脂肪酸は C18 以上の長鎖の脂肪酸です。この他の混合系に分類される脂肪酸に C16 のパルミチン酸があり、デノバ系とプレフォームド系の両方の系に由来しています。

図 12―5 に示すように乳汁中脂肪酸は、デノバ系の短鎖

や中鎖の脂肪酸が 18 〜 30%、プレフォームド系の長鎖の脂肪酸が 30 〜 45%、そして C16 よりなる混合系の脂肪酸が 35 〜 40%含まれています。

脂肪酸組成による周産期疾病のリスク評価　最近、乳脂肪の生産量がデノバ系の脂肪酸量に関連することが明らかになり、ルーメン由来のデノバ系の脂肪酸の比率や量からルーメン発酵の状況を推定できることが明らかになりました。また、周産期疾病のリスクを乳汁中の脂肪酸組成の変化から評価できることが明らかになりました。疾病のリスクの高い乳ではデノバ系が低くなり、プレフォームド系が高くなります。このように、乳汁中の脂肪酸組成を測定することにより乳牛の健全性を評価できるようになり、この手法が酪農現場で実際に使われています。

4 乳牛の健全性の維持と技術開発

　最近の酪農の経営環境は非常に厳しく、飼養頭数の増加、経営規模の拡大、収益性重視など飼養管理と経営の効率化が図られています。このような状況の中で、ウシの病傷および

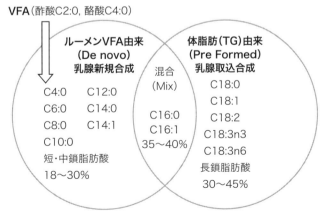

図12-5　脂肪酸の合成経路と牛乳中の脂肪酸組成
（生田健太郎ら、2017）

死亡・廃用事故は後を絶たず、とくに周産期疾病や繁殖障害などの生産病が多発しています。

◉乳牛の健全性と生産性の両立に向けた課題

ウシの疾病予防の基本は、衛生的な環境を整え、飼養環境の改善を図り、適切な飼料摂取を維持させながら牛群の健康状況を把握して疾病の対策を実施することが重要です。牛群の健康状況の検査は、人間ドック検査に通じるもので疾病の予防に大いに役立つものと思われます。

乳牛は、生理的または環境的な負荷の中で、健康の維持と高い生産性が求められています。そのため、乳牛が栄養素を効率的に利用できる代謝機構を解明して、それを制御してやる飼養技術を確立することが重要です。乳牛では、ライフステージにより離乳、分娩などの複雑な生理的状況が関わってきますから、飼養技術の確立は難しい課題です。さまざまな方向からのアプローチにより乳牛の代謝生理機能を解明し、健全性と生産性を両立する飼養形態を確立することが酪農を発展させるための緊急課題といえます。

飼育環境として、乳牛が健康で生産性を上げるための牛舎システムの開発が重要であり、牛群に飼育環境ストレスができるだけかからないようにして、個々の乳牛が快適に過ごせるように牛舎を開発することが必要です。

◉期待される乳牛の健全性の検査やマーカーの開発

乳牛における健全性の検査方法として、AI機器であるセンサによるアプローチがありますが、それには、家畜の体にあった精度の高いセンサの改良が望まれます。現在、開発が進んでいるセンサは体温、呼吸数、脈拍など生体の生理性状を測定するセンサ、ルーメン運動や内容量の移動など消化管機能を測定する加速器センサ、ルーメン発酵の状況をモニターするpHセンサなどがあげられます。しかし、pHセンサを除くそのほとんどは未だ開発途上にあります。

また、非世襲的な臨床生化学検査としては、牛乳、唾液、尿などの体液中の生化学成分によるアプローチが可能です。牛乳については、搾乳ロボットなど搾乳装置に検査機器を組み込むことが、最も開発が期待できる方法であり、今後の研究が期待される技術開発手法といえます。

　現在のところ、生体が受けているストレスのマーカーとなるコルチゾールやストレス軽減のマーカーとなるオキシトシンを唾液で測定する研究が進んでいます。また、繁殖の状況、発情を発見するために、牛乳中において生殖ホルモンの測定が行われており、代謝状況が把握できる代謝性ホルモンなどについても研究がなされています。さらに、脂肪肝などの代謝障害のマーカーとなる脂肪酸組成、乳房炎の発症の程度を知ることができる乳酸脱水素酵素が利用されています。牛乳中において、さらに疾病の予防につながる画期的な測定項目が開発されることが期待されています。

　これからの技術開発としては、子ウシの哺育育成技術として離乳期における飼養技術の開発、育成牛における健全性向上に向けた飼養技術の開発、周産期の高泌乳牛における健全性を維持する飼養技術の開発と疾病リスク低減下に向けての技術開発が進展することを期待します。

おわりに

著者は、本書を執筆するにあたり、乳牛が健康で良質な多量の乳を生産するためには、ルーメンと生体の恒常性の維持が重要であることに注目しました。そこで、これまでのルミノロジー (Ruminology) に関する研究成果をまとめることにより、本書のテーマである「乳牛はどのようにして多量の牛乳を生産するのか?」に挑戦してみました。

ルミノロジーとは、1957年、アメリカのSHAEW博士が提唱したもので、ルーメンの機能およびそれに関連した反芻動物の生理学を意味します。すなわち、宿主であるウシとルーメン微生物の関係から、ルーメン発酵と消化、代謝および栄養の生理について学ぶ学問ということができます。

ルミノロジーのもとになる研究は、第2次世界大戦中のイギリスにおいて始まり発展しました。イギリスは、自国で食料を自給することが難しく食料自給率が低い国でした。そこで、イギリスは国家として、人間と食物が競合しない植物繊維を利用できる反芻動物に注目しました。反芻家畜を飼養して、乳・肉生産を高め自国の食料生産に寄与する産業の振興のためにルミノロジーという学問がスタートしたのです。

そのことがきっかけとなって、イギリスでは、反芻動物の栄養生理学の研究が大いに発展しました。その流れは戦後も続き

1950年代の中頃、この分野においてすばらしい研究論文が目白押しに出されています。イギリスでは主に基礎研究の面から、泌乳生理学、消化・栄養生理学で多くのすぐれた論文が出されました。それがアメリカに広がりアメリカでは酪農の応用研究ですぐれた研究がなされました。それらの成果が今日の畜産・酪農という産業の発展に大いに役立っています。

わが国におけるルミノロジーの研究は、第2次世界大戦後の深刻な食料不足を背景にして始まりました。戦後の国策として、食料の増産を図る中で、良質なタンパク質である乳・肉の増産をはかることが重要課題としてあげられました。そこで、農林水産省技術会議の音頭で大学、国立の研究機関、地方公共団体、酪農現場が協力して大掛かりなプロジェクト研究「乳牛の栄養および栄養障害に関する研究」が行われました。プロジェクトリーダーは、故・梅津元昌東北大学名誉教授(日本におけるルミノロジーの創始者)です。

日本においても酪農研究の基礎となる学問はルミノロジーだったのです。そして、多くの研究成果が公表され日本のルミノロジー研究の基盤が築かれました。その後も、日本における乳牛の科学とルミノロジーは着実に発展して、酪農の発展も際立っています。

著者は、本書をまとめるにあたり、これまで公表されてきたルミノロジーに関する書籍や研究論文を参考にさせていただきました。ルミノロジーという学問分野で得られた研究成果をまとめることにより、乳牛は、ルーメンという「発酵タンク」と成長ホルモンに調節されている「ミルクタンク」をじつに巧妙に使って多量の牛乳を生産していることが見事に説明できたのです。

　参考にさせていただいた主な書籍は、「参考文献」にもあげた以下の4冊です。

　著者の出身講座である東北大学農学部家畜生理学研究室では、初代教授、故・梅津元昌先生が『乳牛の科学』（1966年）を編集しています。また、2代目教授、故・津田恒之先生が『新乳牛の科学』（1987年）を、3代目教授・佐々木康之先生が『反芻動物の生理学』（1996年）を監修しています。そして、4代目の教授である著者が『ルミノロジーの基礎と応用』（2006年）を編集しました。これらの専門書は、その時々の乳牛の生理学いわゆるルミノロジーについてまとめて出版されています。

　読者の方々が、本書を読むことによって、生物産業である酪農において乳牛が果たしている役割と彼らがもつ生理学的特異性について理解して興味をもっていただければ幸いです。本書で述べられているように、乳牛は人間の食料生産において重要な役割

を果たしてきています。

　わが国のルミノロジー研究の創始者である故・梅津元昌教授が唱えた「Ruminant Physiologyは世界を救う」の精神を常にもち続けて、Ruminology の研究者は、世界の平和にも寄与していきたいものです。

　偶然ですが、この本が発行される年は干支で丑年になりました。干支にちなんでウシという動物をさらに理解していただければ幸いです。

　最後になりましたが、本書のルーメン微生物の項目の記述に当たりましては、東京農工大学名誉教授・板橋久雄博士の御協力を得ました。ここに厚く御礼申し上げます。また、原稿の段階で目を通していただきご意見を賜りました元東北大学教授・寺田文典博士、信州大学農学部教授・米倉真一博士、農研機構畜産草地研究部門主任研究官・芳賀聡博士に心からの謝意を申し上げます。貴重な腎臓の写真をご提供いただきました宮崎大学農学部獣医学科の佐藤礼一郎教授と平井卓哉准教授に感謝申し上げます。

　本書の編集・発行にあたり、大変お世話になりました農文協・編集局の方々に心から御礼申し上げます。

2021年8月

生涯、ルミノロジー研究に打ち込めるという
幸運に巡り合えた一人の研究者

小原嘉昭

参考文献 (年次順)

梅津元昌編(1966)『乳牛の科学』農山漁村文化協会

柳田為正(1972)『シュミット=ニールセン　動物の生理学』岩波書店

栗原　康(1973)『かくされた自然―ミクロの生態学―』筑摩書房

西田周作(1978)「畜産の起源」(『農業技術大系畜産編1畜産基本編』農山漁村文化協会)

L.P.Milligan, W.L.Grown and A.Dobson(1984)『Control of Digestion and Meta-
　　bolism in Ruminants』A Reston Book

神立　誠、須藤恒二監修　星野貞夫他執筆(1985)『ルーメンの世界』農山漁村文化協会

津田恒之監修　柴田章夫編(1987)『新乳牛の科学』農山漁村文化協会

大森昭一朗(1987)「乳牛の一生と生理的特性」(『農業技術大系畜産編2乳牛』農山漁村文
　　化協会)

上家　哲(1987)『成長ホルモンと乳牛の泌乳』乳技協資料

小野寺良次(1990)『牛はどうやって草からミルクを作るのか　ルーメンの秘密』新日本新書

T.Tsuda, S.Sasaki and R.Kawashima(1991)『Physiological Aspects of Digestion and
　　Metabolism in Ruminant. Proceedings of the Seventh International Symposium
　　on Ruminant Physiology』Academic Press

佐々木康之監修　小原嘉昭編(1998)『反芻動物の栄養生理学』農山漁村文化協会

全国牛乳普及協会(1998)『白のある風景』全国牛乳普及協会

津田恒之(2001)『牛と日本人』東北大学出版会

小野寺良治監修　板橋久雄編(2004)『新ルーメンの世界』農山漁村文化協会

小原嘉昭編(2006)『ルミノロジーの基礎と応用』農山漁村文化協会

小原嘉昭(2007)『安定同位体利用技術　反芻家畜の栄養生理学研究への安定同位体の利
　　用』RADIOISOTOPS, Vol56

唐沢　豊、大谷　元、菅原邦夫(2012)『畜産学入門』文永堂出版

扇元敬司、韮澤圭二郎、桑原正貴、寺田文典、中井　裕、杉浦勝明編 (2012)『最新 畜産ハン
　　ドブック』講談社

清水　誠(2014)『優れた食品素材である牛乳　その利点と課題(乳糖不耐等)』J milk メデ
　　ィアミルクセミナー　ニュースレター

Dairy Japan(2016)Dairy PROFESSIONAL Vol.5「特集"牛"と"かね"を探り 酪農の近未
　　来像を提言」6月臨時増刊号

〈 著者略歴 〉

小原嘉昭 ■ おばらよしあき

東北大学名誉教授

1942年 岩手県に生まれる。
1966年 東北大学農学部畜産学科卒業。
1971年 東北大学農学研究科博士課程修了(農学博士号取得)。
1971年 農林水産省家畜衛生試験場研究第4部研究員、同北海道支場主任研究官。
1987年 農林水産省畜産試験場生理部生理第一研究室長、飼養技術部長、生理部長。
1998年 東北大学大学院農学研究科教授(動物生理科学分野)。
2005年 中華人民共和国楊揚州大学客員教授。
2006年 東北大学を定年退職。麻布大学客員教授、明治飼糧株式会社研究開発顧問。
2017年 明治飼糧株式会社退職。現在に至る。

著　書　『反芻動物の栄養生理学』(編著)1998、農文協
　　　　『家畜生理学』(編者)2004、養賢堂
　　　　『ルミノロジーの基礎と応用』(編著)2006、農文協
　　　　『我が妻トミ子　認知症の介護と思い』2020、ブイツーソリューション
受賞歴　日本畜産学会賞(1981年)、森永奉仕会賞(2001年)
　　　　日本農学賞、読売農学賞(2006年)、日本畜産学会功労賞(2011年)

基礎からわかる
乳牛の健康と乳生産
ルーメンからの探究

発　行 ● 2021年9月25日　第1刷発行

著　者 ● 小原嘉昭

発行所 ● 一般社団法人　農山漁村文化協会
　　　　〒107-8668　東京都港区赤坂7-6-1
　　　　電話　編集 03-3585-1145
　　　　　　　普及(営業) 03-3585-1142
　　　　FAX　03-3585-3668
　　　　振替　00120-3-144478

制　作 ● 髙坂デザイン
印　刷 ● (株)光陽メディア
製　本 ● 根本製本(株)

©小原嘉昭　2021 Printed in Japan
(検印廃止) ISBN978-4-540-21140-9
定価は、カバーに表示してあります。無断転載を禁じます。